绿色农业原色图谱丛书

蔬菜病虫防治系列

根茎类蔬菜病虫防治原色图谱

吴焕章　郭赵娟　史小强　主编

河南科学技术出版社

·郑州·

图书在版编目(CIP)数据

根茎类蔬菜病虫防治原色图谱/吴焕章，郭赵娟，史小强主编.—郑州：河南科学技术出版社，2012.1
（绿色农业原色图谱丛书 · 蔬菜病虫防治系列）
ISBN 978-7-5349-5298-2

Ⅰ.①根… Ⅱ.①吴… ②郭… ③史… Ⅲ.①根菜类蔬菜－病虫害防治－图谱 Ⅳ.①S436.31-64

中国版本图书馆CIP数据核字（2011）第167292号

出版发行：河南科学技术出版社
地址：郑州市经五路66号　邮编：450002
电话：（0371）65737028　65788613
网址：www.hnstp.cn
策划编辑：申卫娟　杨秀芳　编辑信箱：hnstpnys@126.com
责任编辑：田　伟
责任校对：丁秀荣
封面设计：张　伟
版式设计：崔彦慧
责任印制：张　巍
印　　刷：河南新华印刷集团有限公司
经　　销：全国新华书店
幅面尺寸：190 mm × 210 mm　印张：5.25　字数：113千字
版　　次：2012年1月第1版　2012年1月第1次印刷
定　　价：22.00元

本书编写人员名单

主　　编　吴焕章　郭赵娟　史小强

副 主 编　陈焕丽　刘艳波　杨金兰

编写人员　（以姓氏笔画为序）

史小强　刘艳波　吴焕章　陈焕丽

杨金兰　郭五军　郭赵娟

前　言

马铃薯、萝卜、胡萝卜是营养丰富的根茎类蔬菜，深受大众喜爱，且加工、出口需求迅速增加。近年来，3种蔬菜随着市场需求量的增加种植规模日益扩大，发展迅速，经济效益可观，是容易形成产业化的蔬菜品种，正在成为很多地区的经济作物和优势产业。虽然生产中栽培技术水平在不断提高，但病虫害依然是种植户面临的主要生产问题，防治不力就会给广大种植户造成巨大的经济损失。种植户迫切希望能有一本蔬菜病虫害原色图谱类图书来指导生产，以便能够在田间快速准确地鉴别各种病虫害而有针对性地及时加以防治。

本书主要针对农业科研人员、农业技术推广人员等农业工作者和广大种植户而编写。书中主要介绍了马铃薯、胡萝卜、萝卜3种根茎类蔬菜常见真菌、细菌、生理病害的病原、症状、传播途径和发病条件，以及常见地上、地下害虫的寄主、为害特点、形态特征、生活习性，并对每种病虫害附上了有代表性的图片，推荐了具体防治措施。全书图片真实直观，内容详尽，语言通俗，实用性强，方便读者阅读，能够真正帮助读者解决生产过程中的实际问题。

由于时间仓促，书中难免有疏漏和不妥之处，敬请广大读者批评指正。

编　者

2011年6月

目　录

第一部分　侵染性病害

第二部分　生理性病害

第一部分 侵染性病害

一、马铃薯

马铃薯晚疫病

马铃薯晚疫病1

马铃薯晚疫病2

马铃薯晚疫病3

马铃薯晚疫病4

症　　状　本病主要为害叶、茎和块茎。叶片受害，初期在叶尖或叶缘出现水渍状、周围有浅绿色晕圈的黄褐色斑。病斑在干燥时停止扩展，变褐变脆，没有白霉。病斑在湿度大时会迅速扩大，边缘呈水渍状，有一圈白色霉状物，叶背面会有茂密的白霉。当发病严重时，叶片萎垂卷缩，最终全株黑腐。简易诊断方法是把病叶叶柄插在碗内的湿沙里，上盖一空碗，一夜后，病斑边缘上就会长出白霉，可诊断为晚疫病。茎受害时，茎上先出现稍凹陷的黑色条斑，若遇气候潮湿，表面也产生少量白霉。块茎受害时，初期表皮产生褐色或带紫色的小病斑，稍凹陷，在皮下呈红褐色，逐渐向周围和内部发展。土壤干燥时病部发硬，块茎呈干腐状；土壤多湿黏重时，块茎常易引起感染而软腐。病薯有怪味，不能食用。窖藏期间，病薯薯皮有暗色或紫色凹陷斑，发生干腐或湿腐，深度约1厘米，湿度大时病斑上生白霉，造成烂窖。

病　　原　致病疫霉*Phytophthora infestans*（Mont.）de Bary，属于假菌界卵菌门。

发生规律　病原主要以菌丝体潜伏病薯内越冬，为来年初病害的侵染来源。种薯带病，重者不能发芽，或发芽未出土即死亡；轻者发芽出土，发展成为田间的中心病株。病部产生的孢子囊借气流、雨水传播，进行再侵染。病叶上的孢子囊可以随雨水或灌溉水渗入土中，侵染块茎。病菌喜欢日暖夜凉的高湿环境，相对湿度95%以上，温度18～25 ℃，最适宜病菌生长、繁殖。湿度对病害发生起决定作用。潮湿温暖、阴雨连绵、多雾多露等天气，有利于该病的发生和蔓延。马铃薯开花结薯前抗病力较强，以后抗病力迅速下降，本病一般在开花前后出现症状。只要连续两天白天22 ℃左右，相对湿度高于95%持续8小时以上；夜间10～13 ℃，叶上有水滴，并且持续11～14小时的高湿，本病即可发生。发病后10～14天病害就可蔓延全田或引起大流行。

防治方法

（1）可做引种试验，选用适合当地的抗病品种。

（2）选用无病种薯。贮藏前后、播前都要仔细挑选出无病种薯。窖藏期间要保持窖内通风，温度保持在3～4 ℃，相对湿度应保持在80%左右。

（3）加强栽培管理。结合当地气候适期早播，选择沙壤土或排水良好的田块，科学施肥浇水，使植株健壮，增加抗性。

（4）种薯处理。切刀等消毒刀具放入每千克含0.1%高锰酸钾0.1克、1%农用链霉素100毫克、春雷霉素200毫克的溶液中浸泡处理。注意用塑料桶配制药液，药液现配现用，每4小时更换1次药液。药剂干拌种，播前用0.3%种薯质量的68%精甲霜·锰锌可湿性粉剂与适量滑石粉混匀拌种，一般每100千克种薯使用2.5～3.0千克滑石粉。湿拌种，用25%或35%的甲霜灵可湿性粉剂1 000倍液均匀喷洒在块茎上，然后堆闷2小时，经晾晒后播种。据雷玉明等报道，用2.5%咯菌腈（适乐时）悬浮种衣剂，或70%吡虫啉（高巧）湿拌种剂，或70%噻虫嗪（锐胜）湿拌种按种薯质量的0.1%，或用52.5%噁唑菌酮·霜脲氰（抑快净）水分散粒剂1 500倍液浸种，效果好。垄沟喷雾每亩用25%嘧菌酯（阿米西达）悬浮液40～60毫升，或240克/升噻呋酰胺悬浮液130毫升，待种薯播到垄沟后马上在沟内喷药，使土壤和薯块都沾上药液，然后覆土。

（5）及时进行化学防治。开花前后加强田间检查，发现中心病株后，立即拔除，附近植株上的病叶也摘除，撒上石灰，就地深埋；然后对病株周围的植株用1:1:（100～200）波尔多液喷雾封锁，隔10天再喷1次，防止病害蔓延。发病初期，可选择喷洒如下农药：25%嘧菌酯悬浮剂1 000倍液，或72%霜脲·锰锌可湿性粉剂500～750倍液，或68%精甲霜·锰锌水分散粒剂600倍液，或50%烯酰吗啉·乙铝可湿性粉剂600倍液，或70%锰锌·乙铝或10%氰霜唑悬浮剂2 000～2 500倍液，或69%锰锌·烯酰可湿性粉剂600倍液，或70%丙森锌可湿性粉剂700倍液，或52.5%噁唑菌酮·霜脲氰水分散粒剂1 500倍液，或25%烯肟菌酯乳油900倍液，或25%甲霜灵可湿性粉剂1 000～1 500倍液，或65%代森锌可湿性粉剂500倍液，或50%敌菌灵可湿性粉剂500倍液，或40%乙磷铝可湿性粉剂300倍液，或75%百菌清可湿性粉剂600～800倍液。据刘琼光等报道，72%霜脲·锰锌（克露）可湿性粉剂，或50%烯酰吗啉（安克）可湿性粉剂，或25%嘧菌酯

（阿米西达）悬浮剂，或64%恶霜·锰锌（杀毒矾）可湿性粉剂，或68%精甲霜灵·锰锌（金雷）水分散粒剂，或70%丙森锌（安泰生）可湿性粉剂，或68.75%氟吡菌胺·霜霉威（银法利）悬浮剂，或18.7%烯酰·吡唑酯（凯特）水分散粒剂，或25%双炔酰菌胺（瑞凡）可湿性粉剂等药剂对广东地区马铃薯晚疫病防效均达90%以上，而50%多菌灵防效较差。据王长魁等报道，在甘肃张掖市，噁唑菌酮·锰锌，或霜脲·锰锌，或噁唑菌酮·霜脲氰，或氟吡菌胺·霜霉威，或恶霜·锰锌喷施3次，防病效果均达97%以上，增产率均达29%以上；50%多菌灵的防治效果和增产作用最差。农药每隔7～10天防治1次，最好晴天下午喷洒，喷洒要均匀。农药可以交替使用，例如第1次喷施25%嘧菌酯悬浮剂（阿米西达亩用量30～40毫升，兑水50千克），第2次喷施72.2%霜霉威水剂（普力克）800倍液，第3次视情况可喷施68.75%氟吡菌胺·霜霉威悬浮剂（银发利亩用量70～80毫升）或者53%精甲霜灵·锰锌水分散粒剂（金雷多米尔亩用量100～150克）等，一般喷施3次即可，效果好。据彭丽娟等报道，50%氟啶胺悬浮剂对马铃薯晚疫病的防治效果最好，58%甲霜灵·锰锌可湿性粉剂和50%烯酰吗啉水分散粒剂次之，可选用这3种药剂交替使用来防治。据张忠敏等报道，25%嘧菌酯悬浮剂每亩32毫升，60%氟吗·锰锌可湿性粉剂每亩0.1千克，58%甲霜灵·锰锌每亩0.15千克，按顺序分3次喷施，效果好。据高虹等报道，在黑龙江垦区防治马铃薯晚疫病，70%丙森锌（安泰生）与68.75%氟吡菌胺·霜霉威（银法利）混合使用，在发病初期，7天1次，连续使用5～6次，防治效果达85%～90%；也可用64%恶霜·锰锌（杀毒矾）和72%霜脲·锰锌（克露）。

马铃薯早疫病

症　　状　本病主要为害叶片，也侵染块茎。叶片受害时，会出现具同心轮纹的近圆形黑褐色病斑，大小3～4毫米。病斑在湿度大时上有黑色霉层。叶片发病严重时会干枯脱落。块茎较少感病，染病后薯皮上会产生暗褐色稍凹陷圆形或近圆形病斑，边缘清晰，病斑皮下发生深达0.5厘米左右，呈浅褐色海绵状干腐。

马铃薯早疫病1

马铃薯早疫病2

病　原　茄链格孢菌*Alternaria solani* (Ellis et Martin) Sorauer，属真菌界半知菌类。

发生规律　病菌以菌丝体或分生孢子在病残组织或病薯上越冬，来年种薯发芽时，开始侵染。出苗后，分生孢子在田间主要通过风雨传播，萌发适温26～28 ℃，易侵染老叶。遇有连阴雨天，或相对湿度高于70%，该病易发生和流行，当土地贫瘠、植株生长衰弱等情况下发病严重。

防治方法

（1）选用早熟抗病品种，挑选健康种薯播种，及时收获。

（2）选择土壤肥沃的高燥地块种植，基肥施用腐熟的有机肥，尽量进行配方施肥。

（3）加强栽培管理，合理灌溉，及时追肥，增强植株抗性。秋季收获后土地深翻，以减少来年病源。

（4）及时化学防治。根据当地多年病害发生规律，提前预防，发现少量病株时及时进行化学防治。发病前后可喷洒药剂：25%嘧菌酯悬浮液1 500倍液，或68%精甲霜·锰锌水分散粒剂600倍液，或50%异菌脲可湿性粉剂1 000倍液，或64%百·锰锌可湿性粉剂600倍液，或75%百菌清可湿性粉剂600倍液，或80%代森锰锌可湿性粉剂500倍液，或78%波·锰锌可湿性粉剂600倍液。农药每隔7～10天喷施1次，连续防治2～3次。据徐永生等报道，50%氟啶胺悬浮剂（福帅得）防治马铃薯早疫病、晚疫病有特效，且对螨类有相当好的杀灭效果，在发病前或发病初期用药效果好，一般用27～33毫升的2 000～2 500倍液喷雾，喷施不超过4次，施药时注意不要让药液飞散到瓜田。据雷玉明等报道，早疫病可与晚疫病同时防治，每亩第1次用72%霜脲·锰锌（克露）可湿性粉剂100～150克300～450倍液；第2次用70%丙森锌（安泰生）可湿性粉剂150克300倍液，或58%雷多米尔·锰锌可湿性粉剂150克300倍液；第3次用64%恶霜·锰锌（杀毒矾）可湿性粉剂100克400倍液，或68.75%氟吡菌胺·霜霉威（银法利）水剂100毫升进行叶面喷雾，效果好。据高虹等报道，在黑龙江垦区防治早疫病，50%扑海因，或25%嘧菌酯与70%代森锰锌混施防效好；25%嘧菌酯，或72%霜脲·锰锌，或72%甲霜灵·锰锌等药剂分期交替用药，兼防早疫病、晚疫病。据噁笑硕等报道，在内蒙古，每亩用72%霜脲·锰锌（克露）可湿性粉剂150克，或52.2%　唑菌酮·霜脲氰（抑快净）水分散粒剂30～45克，或68%精甲霜灵·锰锌（金雷多米尔）水分散粒剂150克，防治马铃薯早疫病安全有效，而且要交替使用。马铃薯早疫病、晚疫病的防治一定要掌握在发病初期，甚至发病前期，进行药剂叶面喷雾，喷雾做到均匀周到，方能起到良好的防治效果。

马铃薯干腐病

马铃薯干腐病1

马铃薯干腐病2

症　　状　干腐病是重要的马铃薯贮藏期病害，主要为害块茎。块茎染病后薯皮有稍凹陷黑褐色斑块，切开后，腐烂组织呈淡褐色、黄褐色、黑褐色或黑色，病薯出现空洞。病斑多出现在块茎脐部，初期在块茎病部表面有暗色凹痕，之后薯皮皱缩或产生不规则褶皱。病重的块茎病部边缘出现浅灰色或粉红色多泡状凸起，剥去薯皮，可见病变组织呈浅褐色至黑褐色粒状，并有暗红色斑，髓部有空腔，干燥时菌丝充满空腔。湿度大时，病部呈肉色糊状，无特殊气味，干燥时，内部组织呈褐色，干硬或皱缩。

病　　原　硫色镰刀菌*Fusarium sulphureum Schlechlendahl*，属真菌界半知菌类。

发生规律　本病为土传病害，病菌存于病薯或残留在土壤中越冬，通过机械创伤的伤口或被虫咬伤的块茎侵入，也可以通过块茎的皮孔、芽眼等自然伤口侵入。被侵染的块茎腐烂后污染土壤，加重该病的发生，贮藏前2个月发生较轻，2个月后扩展明显。窖藏的马铃薯因温度高、湿度大发病更重。

防治方法

（1）贮藏窖消毒。贮藏前要将窖内杂物清扫干净。在贮藏前几天先进行消毒处理，用点燃的硫黄粉熏蒸，也可采用高锰酸钾+甲醛，或百菌清烟剂，或15%百 · 腐烟剂（腐霉利 · 百菌清复合烟剂），或45%消菌清烟剂熏蒸。

（2）选择无病种薯。严格剔除病薯和带有伤口的块茎，入窖前放在阴凉通风的场所堆放3天，降低块茎中的湿度，以利于伤口愈合，产生木栓层，减少发病。挑选无病种薯播种。

（3）科学管理。生长后期和收获前抓好水分管理，雨后应及时清沟排水降湿。收获选晴天，收获时尽量减少伤口，可减轻贮运期块茎发病。收获后摊晒数天，贮运时轻拿轻运，尽量减少伤口产生，并剔除带病块茎后才能装运或入窖。入窖后做好温(1～4 ℃)湿调控，保持通风干燥。窖藏期间定时检查，剔除病烂薯。

（4）及时化学防治。据杜密茹报道，好力克（43%戊唑醇悬浮剂）和10%世高水分散粒剂（主要成分苯醚甲环唑），在内蒙古对马铃薯干腐病的抑制效果最好。据魏周全等报道，采用化学防治方法能减轻贮藏期马铃薯块茎干腐病的发生为害程度，而不能完全控制病害，主要通过在贮藏前用多菌灵、甲霜灵·锰锌等药剂处理块茎来预防，也可在贮藏期间使用烟雾剂处理，使病薯病害部位表层干枯，可有效防止病菌向邻近块茎侵染。据张廷义等报道，从6种药剂（58%甲霜灵锰锌、50%多菌灵、10%百菌清烟雾剂、果蔬防腐保鲜剂、霜疫净烟雾剂、农用硫酸链霉素）选出58%的甲霜灵锰锌可湿性粉剂400倍液处理块茎，对干腐病防效最好，防治效果为58.89%，可有效缓解马铃薯干腐病的扩展蔓延。

马铃薯黑痣病

黑痣病苗期

黑痣病

症　　状　本病主要为害幼芽、茎基部和块茎。幼芽出土前染病腐烂；出土后染病，初期下边叶子发黄，茎基部有凹陷的褐斑，上面常覆有灰色菌丝层，有的上面会有菌核。此病轻者植株症状不明显，重者会形成立枯或顶部萎蔫，或者叶片向上卷曲，茎节腋芽产生紫红色或绿色气生块茎。长成的块茎小，薯皮上散生许多黑褐色菌核，用水清洗不掉。

病　　原　立枯丝核菌*Rhizoctonia solani* Kühn，属真菌界半知菌类（无性孢子类）。

发生规律　病菌在病薯薯皮上或留在土壤中的菌核越冬。带病种薯是初侵染源，是传播的主要载体。病菌从土壤中根系或茎基部伤口侵入。此病的发生与春寒和潮湿条件有关。播种早，或播后土温较低发病重。

防治方法

（1）选育抗病品种，用无病种薯播种。

（2）适期播种，尤其是高海拔冷凉山区要注意避免早播。

（3）及时化学防治。播前可用35%福 · 甲可湿性粉剂800倍液，或50%福美双可湿性粉剂1 000倍液浸种10分钟，或用50%异菌脲0.4%溶液浸种5分钟。还可以每亩用30%苯醚甲 · 丙环乳油3 000倍液或23%噻氟菌胺悬浮剂14～20毫升，兑水40～60升喷雾防治。

马铃薯粉痂病

症　　状　本病主要为害块茎和根部，茎有时也可染病。块茎染病表皮上先出现针头大的褐色小斑，外围有半透明晕环，后褐色小斑逐渐隆起膨大成为直径3～5毫米不等的“疱斑”，“疱斑”表皮未破裂，为粉痂的“封闭疱”阶段。随着病情的发展，“疱斑”表皮破裂、翻卷，皮下组织呈现橘红色，散出大量深褐色粉状物。“疱斑”下陷呈火山口状，外围有木栓质晕环，此为粉痂的“开放疱”阶段。根部染病，在根一侧长出豆粒大小单生或聚生的瘤状物。

马铃薯粉痂病

病　　原　粉痂菌*Spongospora subterranea* f.sp.*subterranea*，属原生动物界根肿菌门。

发生规律　病菌以休眠孢子囊球在种薯内或随病残物遗落于土壤中越冬。病薯和病土成为翌年此病的初侵染源。病害通过种薯的调运远距离传播，田间近距离传播通过病土、病肥、灌溉水等进行。当土壤相对湿度90%左右、土温18～20 ℃、土壤pH值为4.7～5.4时，病害发生严重，雨量多、夏季较凉爽的年份容易发病。

防治方法

（1）严格执行检疫制度，禁止外调病区的种薯。

（2）选用抗病品种，用无病种薯播种，种薯播种前可用2%盐酸溶液浸种5分钟。

（3）实行5年以上轮作，加强田间管理。施用腐熟的有机肥、生物有机复合肥或磷钾肥。可以多施石灰或草木灰，改变土壤pH值。尽量采用高垄栽培，不要大水漫灌，以防病菌传播蔓延。

马铃薯黑胫病

马铃薯黑胫病1

马铃薯黑胫病2

症　　状　本病主要为害茎和块茎，从种薯发芽到生长后期均可发病，以苗期最盛。当植株生长至15～18厘米时易被侵染，被侵染植株矮小、节间缩短、生长势减弱、叶片退绿黄化并上卷。病株多数失水下垂，叶色不变，但容易从土中拔出。茎基部与母薯连接处首先变黑，后向地面附近发展，最终导致植株萎蔫枯死。茎部变黑，横切茎可见3条主要维管束变为褐色；茎多数软化、腐烂，且常自动开裂并分泌有臭味的黏液。

湿度大时，黑茎可长达3.3～6.6厘米处，有的表面有菌脓。成株期黑茎多呈现黑褐色至墨黑色，地下茎髓部往往变空。病原菌可沿匍匐茎向新结薯的方向发展，黑茎症状也随之向新薯发展，块茎脐部变成黑褐色。块茎被侵染后，从脐部开始呈放射状向髓部扩展，发病部位呈黑褐色或黑色，横切检查维管束呈黑褐色点状或短线状，用手挤压皮肉不分离，病害严重时块茎中间烂成空腔。重病块茎，表皮变暗，无光泽。感病较轻的块茎与健薯无明显区别。块茎在湿度大时变为黑褐色，腐烂发臭，别于青枯病。种薯染病腐烂成黏团状，不发芽，或刚发芽即烂在土中，不能出苗。

马铃薯黑胫病3

病　　原　胡萝卜软腐欧文菌黑腐致病型*Erwinia carotovora subsp.atroseptica* (Van Hall) Dye，属细菌界薄壁菌门欧氏杆菌属中造成软腐的一个低温类型。

发生规律　种薯带菌，土壤一般不带菌；病菌先通过切块扩大传染，引起更多种块茎发病，再经维管束或髓部进入植株，引起地上部发病。田间病菌还可通过灌溉水、雨水或昆虫传播，经伤口侵入致病，后期病株上的病菌又从地上茎通过匍匐茎传到新长出的块茎上。贮藏期病菌通过病健薯接触经伤口或皮孔侵入使健薯染病。该菌适宜温度10～38 ℃，最适为25～27 ℃，高于45℃即失去活力。在北方，气温较高时发病重。土壤黏重且排水不良的土壤发病重。黏重土壤往往土温低，植株生长缓慢，不利于寄主组织木栓化的形成，降低了抗侵入的能力，并且土壤含水量大，有利于细菌繁殖、传播和侵入，所以发病严重。雨水多、低洼地发病重。窖内通风不好或高温高湿，利于细菌繁殖和为害，造成大量烂薯。带菌率高、多雨、或低洼的地块发病重。播种前，种薯切块堆放在一起，不利于切面伤口迅速形成木栓层，会使发病率增高。

防治方法

(1)选用抗病品种。如克新3号、克新4号、东农303、紫花851 等。

(2)选用无病种薯，建议无病留种田可用小整薯播种。种薯入窖前要严格挑选，入窖后加强管理，窖温控制在1～4 ℃，要防止窖温过高，湿度过大。

(3)播前处理。春季切块播种，切刀用0.1%升汞，或75%酒精，或0.1%硫酸链霉素，或5%石炭酸，或0.1%高锰酸钾溶液浸泡消毒，而后切块。在淘汰外表病害症状明显的块茎基础上，先削去块茎尾部进行观察，有病的淘汰，无病的随即切块。切块后用草木灰、过氧化钙等拌种后播种，或用500×10^{-6}的硫酸链霉素浸种，晾干后播种；也可用0.03%溴硝丙二醇溶液浸种18分钟，或0.09%春雷霉素浸种30分钟，或0.2%高锰酸钾浸种25分钟，晾干后播种。据雷玉明报道，切好的块茎可用1%硫酸铜水溶液，或1%农用链霉素，或异丙草胺（旱地宝）300倍液均匀喷雾后，闷种24小时，再在阴凉处晾干后播种，效果好。

(4)适时早播，促使早出苗。

(5)及时化学防治。发现病株及时挖除，在病穴及周边撒少许熟石灰，并用72%链霉素可溶性粉剂4 000倍液，或25%络氨铜水剂500倍液，或50%琥胶肥酸铜(DT)可湿性粉剂，或95%CT杀菌剂水剂(醋酸铜)500倍液，或敌克松500～1 000倍液，每隔7～10天喷1次，连喷2～3次；也可用$1\ 000\times10^{-6}$硫酸链霉素注射发病轻微的植株，每株每次注射药液3～4毫升。发病后，叶面可喷洒0.1%硫酸铜溶液或氢氧化铜，能显著减轻黑胫病。据王怀震报道，福建黑胫病发病初期，可用100毫克/千克农用链霉素喷雾，也可选用40%氢氧化铜（可杀得）600～800倍液，或20%噻菌酮可湿性粉剂1 000～1 500倍液，或20%噻菌铜（龙克菌）600倍液喷洒，还可用波尔多液灌根处理，效果较好。

马铃薯青枯病

症　　状　本病为害马铃薯的根、茎、叶，最明显的症状是枯萎。发病前数天看不出植株有明显症状。病株较矮，开始只有部分主茎上叶片变浅绿或苍绿，从下部叶片开始后全株萎蔫，开始早晚恢复，持续4～5天后，全株茎叶全部萎蔫死亡，但仍保持青绿色，叶片不凋落，叶脉变褐。茎上染病出现褐色条纹，纵剖病茎可见维管束有暗褐色至黑色线条，横剖可见维管束变褐，用手挤压切口，切面有乳白色菌液溢出。简易诊断可采用茎流法，将茎段垂直放入盛清水的玻璃杯中，几分钟之内可见奶状菌液流出。病菌从匍匐茎侵入块茎，块茎染病后，脐部最先出现呈灰褐色水浸状；切开块茎，维管束圈变褐，挤压时溢出白色黏液，但皮肉不从维管束处分离，严重时外皮龟裂，髓部溃烂如泥。

马铃薯青枯病1

马铃薯青枯病2

病　　原　茄青枯劳尔氏菌*Ralstonia solanacearum*（Smith）Yabuuchi et al.，异名青枯假单胞菌或茄假单胞菌*Pseudomonas solanacearum*（Smith）Smith，属细菌界薄壁菌门。

发生规律　本病是典型维管束病害，病菌侵入维管束后迅速繁殖并堵塞导管，阻碍水分运输导致萎蔫。病菌主要随病株残体遗留在土壤中越冬，病菌在无寄主时可在土中存活14个月至6年，侵入块茎的病菌在窖里越冬。病菌从马铃薯植株根部的伤口侵入，主要通过雨水、灌溉水、肥料、病苗、病土、昆虫、人畜以及生产工具等传播，而且病菌当年可重复多次传播和侵染，造成病害流行。常年连作的地块比经常轮作的发病重，抗病性差的品种发病重。该菌在10～40 ℃均可发育，田间土温14 ℃以上、高温高湿等环境对青枯病发生有利，最适温为30～37 ℃，适应pH值为6～8，最适pH值为6.6，一般酸性土壤发病重。高温多雨、田间土壤含水量高、连阴雨或大雨后转晴气温急剧升高时发病较重。该病主要分布在温暖潮湿、雨量充沛的热带和亚热带地区，中国黄河以南、长江流域诸省区发病最重。

防治方法

（1）选用比较抗病的早熟优质良种。如东农303、金冠、坝薯10号、克新2号、克新4号等。用无病种薯播种。

（2）合理轮作。选用土质疏松、排水良好的地块，合理轮作，与瓜类、大豆等3～5年轮作，采用高垄栽培。拔除初发病株，集中深埋处理。据卫红萍报道，轮作地块青枯病发生较轻，一般应与玉米、红薯、西瓜、绿豆、大豆、豇豆、水稻轮作。青枯病发生严重的田块，要求水旱轮作2年以上，旱地轮作4年以上，青枯病基本可以得到根除。据桂富荣等报道，马铃薯与玉米、大豆等间作、套种可使土壤中的病菌失去寄主而丧失活力，并能减少病菌在株行间蔓延，可明显减轻其为害。在云南玉米套种马铃薯可减少病菌在株、行间的蔓延，抑制青枯病的发生。套种田块的青枯病发生率均低于纯种田块，二套二、三套三和四套四种植模式中以二套二模式对马铃薯青枯病的控制作用最为突出。当发现田间有零星病株时，立即拔除并带出田外，把病株放在日光下暴晒2天或者阴干3天，其所含病菌即死亡，从而减少侵染源。

（3）合理施肥。采用配方施肥技术，可以喷施天达2116、云大120等植物生长调节剂，多施农家肥、有机肥、复合肥，减少化肥尿素用量。在出苗后15天左右，每亩施腐熟的有机肥2 000千克或草木灰(代钾肥)2 000千克，具有较好的防病增产效果。还可每亩施石灰100千克，调节土壤酸碱度。成熟后选晴天及时收获，不让成熟的块茎留在地下时间过长，增加感染机会。

（4）及时化学防治。在盛花期或者田间发现零星病株时应立即进行施药预防和控制。在病穴灌注2%福尔马林液或20%石灰水，也可以在拔除的病穴里撒施生石灰，以防止土壤病菌扩散。在发病初期可喷洒药剂：50%灭菌灵水溶性粉剂900～1 100倍液，或53.8%氢氧化铜可湿性粉剂900～1 100倍液，或20%叶枯唑可湿性粉剂1 000倍液，或50%代森锰锌500倍液，或65%代森锌1 000倍液，或50%多菌灵500倍液，或70%甲基托布津500倍液。灌根可用抗菌剂“402”1 000倍液，或1:2:240（硫酸铜：石灰：水）波尔多液，或95%恶霉灵，每株灌根0.25～0.5千克，隔10天喷灌1次，连续喷灌2～3次，如上述药剂交替轮换使用防效更佳。也可以用硫酸链霉素，或72%农用硫酸链霉素可溶性粉剂4 000倍液，或农抗“401”500倍液，或25%络氨铜水剂500倍液，或77%氢氧化铜可湿性微粒粉剂400～500倍液，或50%百菌通可湿性粉剂400倍液，或12%绿乳铜乳油600倍液，或47%加瑞农（春雷·王铜）可湿性粉剂700倍液，每株灌兑好的药液0.3～0.5升；还可以用50%消菌灵可湿性粉剂600倍液、新植霉素3 000倍液灌根，隔10天1次，连续灌2～3次。同时重视防治地下害虫和线虫病，以减少根系虫伤，降低发病率。

马铃薯环腐病

马铃薯环腐病1

马铃薯环腐病2

马铃薯环腐病3

症　　状　地上部染病分枯斑和萎蔫两种类型。枯斑型多在植株基部复叶的顶上先发病，叶尖、叶缘及叶脉呈绿色，叶肉黄绿色或灰绿色，具有明显斑驳，而且叶尖干枯或向内纵卷；病情向上扩展，导致全株枯死。萎蔫型初期从顶端复叶开始萎蔫，叶缘稍内卷，类似缺水状态；后病情向下扩展，全株叶片开始退绿，内卷下垂，最终植株倒伏枯死。块茎染病，切开可见维管束变为乳黄色至黑褐色，皮层内现环形或弧形坏死部。贮藏的块茎薯皮变为褐色，芽眼变黑干枯或外表爆裂，播种后不出芽，或出芽后枯死、形成病株，病株块茎脐部皱缩凹陷，切开可见维管束环变黄褐色，环腐部分也有黄色菌脓溢出。病株的根、茎部维管束常变褐色，病蔓有时溢出白色菌脓，常致软腐病菌二次侵染，使块茎迅速腐烂。

病　　原　马铃薯环腐密执安棒杆菌或称环腐棒杆菌*Clavibacter michiganense* subsp. *sepedonicum* Daviset al.，属细菌界厚壁菌门。

发生规律　本菌在种薯中越冬，病薯是环腐病的初侵染来源。翌年病薯播下后，重者芽眼腐烂不能发芽，轻者病菌会在出苗后沿维管束扩展，向上侵害茎基部和叶柄，向下沿匍匐茎侵害新结块茎。病菌在浇水或降雨时，可随流水传播，从马铃薯伤口侵入，但侵染概率很低。病菌进入土壤中很容易死亡，故土壤传病的可能性很小。此菌生长适温20～23 ℃，最高31～33 ℃，最低1～2 ℃。致死温度为50 ℃，干燥情况下经10分钟病菌死亡，最适pH值为6.8～8.4。病菌主要通过切块种植时用的切刀传染，故此病多发生在北方马铃薯产区。该地区在马铃薯生育期间干热缺雨，有利于病情扩展和显现症状。

防治方法

(1)实行检疫。严禁无病区从病区调种，以免扩大蔓延。

(2) 选用适合当地种植的抗病丰产良种，建立无病留种田，选留无病种薯。

(3)播前种薯处理，种薯出窖后晾种或催芽，选用健康种薯。尽可能进行整薯播种，如需切块，切刀必须进行严格消毒，可用0.2%升汞水，或0.1%高锰酸钾溶液等浸泡，做到切一块消毒1次。药剂处理种薯可用50%托布津可湿性粉剂500倍液，或1 000倍的升汞水溶液浸泡种薯2小时，也可用50毫克/千克硫酸铜浸泡10分钟，然后晾干播种。还可选用种薯重量的0.1%～0.2%的敌克松加草木灰拌种，均有良好防效。

(4) 增施有机肥、过磷酸钙种肥或草木灰和适量钾肥。

(5)及时拔除、销毁病株，以减少病原。

马铃薯疮痂病

症　　状　本病主要为害马铃薯块茎。块茎表面先产生褐色小点，后扩大形成褐色圆形或不规则大斑块，导致薯皮表面粗糙，后期中央稍凹陷或凸起呈疮痂状硬斑块。只有表皮有病斑，不深入薯内，不同于粉痂病。

马铃薯疮痂病1

马铃薯疮痂病2

病　　原　疮痂链霉菌*Streptomyces scabies* (Thazxer) Lambert et Loria，酸疮痂链霉菌*S.acidiscabies*，均属细菌界厚壁菌门。

发生规律　病菌在土壤中腐生，或在病薯上越冬。病菌在块茎生长早期表皮木栓化之前从皮孔或伤口侵入。病薯长出的植株很容易发病，健薯播入带菌土壤中也能染病。发病适温为25～30℃，中性或微碱性沙壤土发病重，pH值5.2以下时很少发病。

防治方法

（1）选用抗病品种，选用无病种薯。

（2）种薯播前用40%福尔马林120倍液浸种4分钟。

（3）加强管理。注意不要在碱性土壤中种植。多施充分腐熟的有机肥或绿肥。与葫芦科、豆科、百合科蔬菜进行5年以上的轮作。结薯初期遇干旱应及时浇水。

马铃薯软腐病

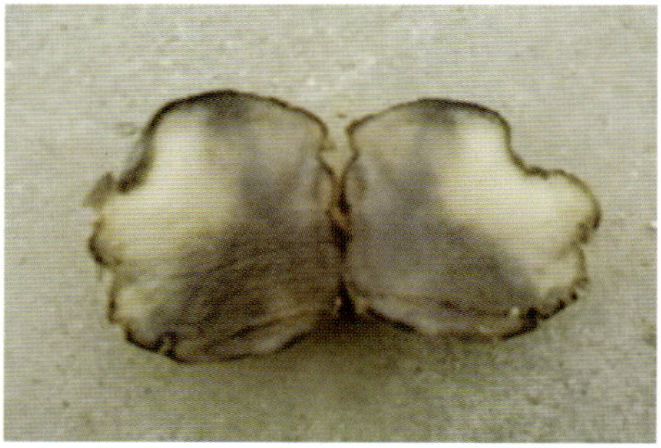

马铃薯软腐病1

马铃薯软腐病2

症　　状　本病主要为害叶、茎和块茎。叶染病时，近地面老叶先染病，病部呈不规则暗褐色病斑，湿度大时腐烂。茎部染病多从伤口开始，再向茎内蔓延，随后茎内髓组织腐烂，恶臭，病茎上部枝叶萎蔫下垂，叶变黄。块茎染病软化，多由皮层伤口引起，初呈水浸状，后块茎组织崩解，发出恶臭。在贮藏或运输期间，病菌从块茎伤口或皮孔侵入后，形成轻微、浅褐色、稍凹陷的病斑，病斑在潮湿温暖的条件下，扩大变软，髓部组织腐烂，病组织感染腐生菌后发出难闻的气味。

病　　原　胡萝卜软腐欧文菌胡萝卜软腐致病型*Erwinia carotovora* subsp.*carotovora*

(Jones)Bergeyet al.，属细菌界薄壁菌门。

发生规律　病原菌在病残体上或土壤中越冬，经伤口或自然裂口侵入，借雨水飞溅或昆虫传播蔓延。

防治方法

（1）种植无病种薯，建立无病留种基地，因地制宜选择综合抗病良种种植。提倡用健壮小整薯播种，避免切刀传病环节。若切块，要进行切刀消毒，可用0.2%升汞水或0.1%高锰酸钾溶液等浸泡，做到切一块消毒1次。

（2）合理轮作。最好水旱轮作，与禾本科、豆科等非块根、块茎类作物轮作为好。

（3）科学种植。加强田间管理，严格操作，避免大水漫灌，注意通风透光和降低田间湿度。

（4）及时化学防治。及时拔出田间病株，并用石灰消毒减少田间初侵染和再侵染源。发病期间可喷洒10%苯醚甲环唑微乳剂2 000倍液，或47%春雷·王铜可湿性粉剂700倍液。

（5）选择晴天收获，收获前5～7 天不要浇水，收获时避免碰伤薯皮。块茎日晒晾干，并摊放于通风透气处散热散湿，经常检查并随时剔除烂薯，于外界气温稳定在0～2 ℃时再入窖。马铃薯贮藏期的适宜温度在2～5 ℃，贮窖内注意通风降湿。据张学君等研究，在入库前用0.05%$CuSO_4 \cdot 5H_2O$将块茎浸泡30分钟，在长达5个月的贮藏期内，无论是放在冷库还是在自然温度下，都能有效地防止软腐病的发生，其效果优于常规的漂白粉处理。

马铃薯病毒病

症　　状　马铃薯病毒病常见的症状类型有4种。卷叶型：叶缘向上卷曲，呈勺状，严重呈圆筒状，叶色淡，质硬、革质化，有时叶背出现紫红色。花叶型：叶面出现淡绿、黄绿和浓绿相间的斑驳花叶（有轻花叶、重花叶、皱缩花叶和黄斑花叶之分），叶片基本不变小，或变小皱缩，植株矮化。坏死型（条斑型）：叶片、叶脉、叶柄、茎枝出现褐色坏死斑或联合成坏死条斑，甚至叶片萎垂、枯死或脱落。丛枝及束顶型：分枝纤细而多，缩节丛生或束顶，叶小花少，明显矮缩。

马铃薯病毒病1

马铃薯病毒病2

病　原

（1）马铃薯卷叶病毒Potato leafroll virus（PLRV），属黄症病毒科马铃薯卷叶病毒属。引起卷叶，寄主主要是茄科作物，主要借助蚜虫传毒。

（2）马铃薯X病毒Potato virus X（PVX），属马铃薯X病毒属，或称马铃薯普通花叶病毒。引起轻花叶，有时产生斑驳或坏死斑，寄主广，可借汁液和菟丝子传毒。

马铃薯病毒病3

（3）马铃薯Y病毒Potato virus Y（PVY），属马铃薯Y病毒科马铃薯Y病毒属或称马铃薯重花叶病毒。引起重花叶或坏死条斑，寄主较广，主要借助蚜虫和汁液传毒。

（4）马铃薯S病毒Potato virus S（PVS），或称马铃薯潜隐病毒，属麝香石竹潜隐病毒属。引起叶片皱缩，或不显症，或后期叶面出现青铜色及细小枯斑，寄主仅茄科少数植物，借汁液摩擦传毒。

（5）马铃薯A病毒Potato virus A（PVA），或称马铃薯轻花叶病毒，属马铃薯Y病毒科马铃薯Y病毒属。引起轻花叶、斑驳、泡突，或不显症，寄主范围窄，主要借助蚜虫和汁液传毒。

发生规律　毒源主要来自种薯和野生寄主上，带毒种薯为最主要的初侵染源，种薯调运可将病毒远距离传播。在植株生长期间，病毒通过昆虫或汁液等传播，引起再侵染。高温特别是土温高于25 ℃时，既有利于传毒蚜虫的繁殖和传毒活动，又会降低块茎的生活力，从而削弱了种薯对病毒的抵抗力，往往容易染病，引起种薯退化。

马铃薯病毒病主要有以下三种：

1.马铃薯普通花叶病

症　　状　病株叶片沿叶脉出现深绿色与淡黄色相间的轻花叶斑驳，叶片稍有缩小，有一定程度的皱缩。有些品种仅表现轻花叶；有的品种植株显著矮化，全株发生坏死性叶斑，整个植株自上而下枯死，块茎变小，内部有坏死斑；也有些品种感病后不表现任何症状。

病　　原　马铃薯X病毒，致死温度为70 ℃，体外存活期为2～3月。块茎形成期的低温可影响病毒的增殖。自然条件下的冷凉气候能减轻病毒引起的退化。

2.马铃薯卷叶病

症　　状　病株叶片边缘向上翻卷，叶片黄绿色，严重时叶片卷成筒状，但不表现皱缩。叶质厚而脆，易折断。重病株矮小，个别病株早期枯死。

病　　原　马铃薯卷叶病毒。传播媒介为带病种薯和桃蚜。高温有利于卷叶病毒的发展和繁殖。

3.马铃薯条斑花叶病

症　　状　病株发病初期叶片出现斑驳花叶或有枯斑，后期发展为叶脉坏死，严重时沿叶柄蔓延到主茎上出现褐色条斑，叶片全部坏死并萎蔫，但不脱落。有些品种无坏死，但植株矮小，茎叶变脆，叶片为花叶症状并聚生成丛。

病　　原　马铃薯Y病毒由带病种薯的汁液和桃蚜传染。病毒质粒致死温度为50～55 ℃，体外存活期为3～4天。在低温情况下，可延缓叶内Y病毒的发展和感染率；高温有利于病毒的发展和繁殖，同时还有利于传毒媒介蚜虫的繁殖迁飞和传病。

防治方法

（1）因地制宜选用抗病高产良种。

（2）建立无病留种基地。品种基地应建立在冷凉地区，繁殖无病毒或未退化的良种。采用无毒种薯或脱毒种薯种植。

（3）块茎处理（50 ℃温水浸泡17分钟）和茎尖脱毒培养。

（4）实生苗块茎留种。除马铃薯块茎纺锤类病毒外，其他马铃薯病毒均不通过种子传染，利用种子实生苗长出的块茎作种薯，有良好的防病作用。

（5）一季作地区实行夏播，使块茎在冷凉季节形成，增强对病毒的抵抗力；二季作地区春季用早熟品种，地膜覆盖栽培，早播早收，秋季适当晚播、早收，可减轻发病。

（6）发病重的地区提倡采用防虫网防止蚜虫传毒，出苗后及时防治蚜虫。

（7）加强栽培管理。高垄栽培，配方施肥，实行浅灌，及时培土和淘汰病株，清除杂草，可减轻发病。

（8）及时化学防治。发病初期喷洒药剂：24%混脂酸·碱铜水剂700倍液，或0.5%氨基寡糖素水剂300倍液，或0.5%菇类蛋白多糖水剂300倍液，或3.85%三氮唑核苷·铜·锌水乳剂500倍液，或20%吗啉胍·乙铜可湿性粉剂500倍液，或25%吗啉胍·锌可溶性粉剂500倍液，或7.5%菌毒吗啉胍水剂500倍液，隔10天左右喷1次，喷洒1～2次。据袁老冲等报道，建议选用叶面肥加抗病毒药液喷施，叶面肥可选用磷酸二氢钾或氨基酸等，抗病毒药液可选用抗毒丰（0.5%菇类蛋白多糖水剂）300倍液，或1.5%植病灵K号乳剂1 000倍液，或20%病毒A600倍液，或15%病毒必克可湿性粉剂500～700倍液等药剂交替使用，间隔7～10天喷1次，连续防治2～3次。

马铃薯根腐线虫病

症　　状　本病主要为害根部。发病严重的植株矮化，地上部黄化，块茎表面产生黑褐色小斑点或褐色溃疡斑，贮藏中病斑扩展后引起腐烂。线虫为害产生的伤口，为病菌侵染创造了条件，因此线虫发生重的地块会加重枯萎病、黄萎病等土传病害的发生和蔓延。

病　　原　咖啡游离根线虫*Pratylenchus coffeae* (Zimmermarn) Goodey，胡桃根腐线虫*P.vulnus* Allen et Jensen，均属动物界线虫门。

发生规律　咖啡游离根线虫雌成虫把卵产在根组织里，孵出的幼虫在附近为害。繁殖温度为25～30 ℃，适温下30～40天可完成1代，年生多代。根腐线虫雌成虫把卵产在块茎里或土壤中，从2龄幼虫至成虫均可侵入块茎为害，幼虫可在块茎里移动和取食，生活历期25～50天，30 ℃时最短，土壤湿度高不利于其成活。

防治方法

（1）收获后立即清除病残体，集中深埋或烧毁。

（2）严格挑选无线虫的种薯播种。

（3）实行2年以上轮作，有条件的实行水旱轮作。

（4）播前用98%棉隆微粒剂防病。沙壤土每亩用药4.9～5.8千克，黏壤土5.8～6.8千克，沟施深度为20厘米，施药后马上盖土，10～15天后松土、通气、再播种。

马铃薯腐烂茎线虫病

症　　状　本病主要为害块茎。块茎染病后，初期在表皮下产生小的白色斑点，后逐渐扩大呈浅褐色，组织软化以致中心变空。病情重时，表皮开裂、皱缩，内部组织呈干粉状，颜色变为灰色、暗褐色至黑色。

马铃薯腐烂茎线虫病

病　　原　腐烂茎线虫或称马铃薯茎线虫*Ditylenchus destructor* Thorne，属动物界线虫门茎线虫属。

发生规律　线虫主要随病薯在附着的土壤里进行传播，也可在土壤中的杂草和真菌寄主上存活。田间可通过农事操作和灌溉水传播。线虫发育和繁殖温度范围为5～34 ℃，最适温度为20～27 ℃。当气温为15～20 ℃，相对湿度为90%～100%时，马铃薯发病最重。

防治方法

（1）严格进行检疫，防止疫区扩大。

（2）选用抗病品种，建立无病种薯田。

（3）提倡与烟草、水稻、棉花、高粱等大田作物轮作，尽量避开番茄、菜用大豆、甘薯等易感染腐烂茎线虫的作物连作。

（4）使用净肥或生物有机肥。收获后及时清除病残体，集中烧毁。秋冬适时深耕土壤。

（5）及时化学防治。发病重的地区，每亩用80%二氯异丙醚乳油5千克，或10%噻唑磷颗粒剂1～1.5千克，混入细沙10～20千克撒在离块茎15厘米处，开沟10～15厘米深，两侧施药后马上盖土。也可于播种前7～20天，每亩用80%二氯异丙醚乳油5千克，混入细沙10～20千克，进行土壤处理，施药后播种覆土更好。应及时喷洒10%吡虫啉可湿性粉剂3 000倍液，持效约15天。

二、胡萝卜

胡萝卜黑斑病

症　　状　植物的茎、叶、叶柄、花梗和种荚等均可发生本病。叶片发病时多从叶尖或叶缘开始，产生圆形或椭圆形深褐色至黑色小斑，扩大后呈不规则形，有明显的同心轮纹，周围常有黄色晕圈；严重时病斑汇合，叶缘上卷，叶片早枯。叶柄上的病斑呈长梭状，黑褐色，具轮纹。茎和花梗上的病斑呈长圆形黑褐色，具轮纹，稍凹陷，湿度大时病斑表面可产生黑色霉层。种子受侵染后，影响发芽。

胡萝卜黑斑病茎

胡萝卜黑斑病叶

病　　原　胡萝卜链格孢*Alternaria dauci* Groves et skolko，属真菌界半知菌类。

发生规律　病菌以菌丝或分生孢子在种子或病残体上越冬，成为来年初侵染源。病菌繁殖速度快，从寄主表皮或气孔中直接侵入，通过风、雨传播蔓延并进行再侵染，一个生长季节可产生多次再侵染。一般阴雨多湿的年份发病重。缺肥、管理粗放、生长衰弱的地块也容易发病。发病后遇天气干旱利于症状显现。发病适温28 ℃左右。发病严重时，叶片大量早枯而死，多发生于胡萝卜生长后期。一旦出现病株，贮藏中也可发病。低温有利于病害发生，在秋季多露或低温时病害易流行。

防治方法

（1）选用抗病良种。如红映2号胡萝卜为引进的鲜食加工兼用型品种，抗病性强。

（2）种子消毒。黑斑病可以由种子传播。播种前应用50 ℃温水浸种20分钟，或用种子重量0.3%的50%福美双可湿性粉剂拌种，或70%代森锰锌、75%百菌清、50%扑海因可湿性粉剂拌种。

（3）实行轮作。不要与十字花科和其他伞形科植物轮作，发病地与其他作物（最好是禾本科作物）实行2～3 年轮作。

（4）加强栽培管理。选地势高燥、通风、排水良好的地块栽胡萝卜。注意田间水肥管理，增施底肥，促其生长健壮。发病初期及时清除病叶、病株，收获后要清洁田园，翻晒土地。

（5）化学防治。发病初期可喷洒药剂：60%多菌灵盐酸盐可溶性粉剂600倍液，或86.2%氧化亚铜（铜大师）1 500倍液，或50%扑海因可湿性粉剂1 500倍液，或64%杀毒矾可湿性粉剂500～800倍液，或75%百菌清可湿性粉剂400～500倍液，或50%甲基托布津可湿性粉剂 500～800倍液喷雾，隔7～10天喷1次，连续防治2～3次，有显著防效。

胡萝卜黑腐病

症　　状　本病在苗期至采收期、贮藏期均可发生，主要为害肉质根、茎、叶片及叶柄，造成根部腐烂、叶片黄萎。叶片被害初生不规则的“V”字形或圆形无光泽的红褐色斑，后叶片变黄枯死，其上也生有褐色绒毛状霉层。肉质根染病，表皮上形成不规则形或圆形稍凹陷的黑色病斑，上生黑色霉状物。茎上多为梭形至长条形斑，病斑边缘不明显。湿度大时，表面密生黑色霉层。胡萝卜根茎发病后，病菌可沿维管束由叶柄经短缩茎到达髓部，使维管束变黑并逐渐扩大，肉质根内部干腐软化，形成空洞。病轻时，肉质根局部或大部分变成黑色，味苦失去食用价值；病重时肉质根变黑腐烂，但无臭味。

胡萝卜黑腐病1

胡萝卜黑腐病2

胡萝卜黑腐病3

病　　原　根生链格孢*Alternaria radicina* Meier，黑腐链格孢*A.atrocariis* Simmons，野胡萝卜链格孢*A.carotiincultae* Simmons，均属真菌界半知菌类（无性孢子类）。

发生规律　病菌在种子内和病残株中越冬越夏。在生长季节内，病菌借气流传播，进行初侵染和再侵染。病菌从幼苗子叶的气孔侵入寄主体内，或从伤口侵入。病菌在寄主体内侵染几层薄壁细胞以后，进入维管束引起叶片发病，通过维管束扩展至全株而成为系统病害。贮藏中病健株接触也能传播。发病适温26～28 ℃，高温高湿及连作有利于病害发生。

防治方法

（1）使用无病种子。播种前用50 ℃温水消毒30分钟或 60 ℃下干热处理 6小时，或用 0.5%代森铵溶液浸种15分钟，然后晾干后播种。

（2）合理轮作。如与水稻进行轮作一年以上。

（3）加强田间管理。深耕晒垡和及时中耕松土。做好田园卫生，发现病株及时拔除，并用消石灰或5%甲醛进行土壤消毒，减少田间菌源。收获后彻底清除田间病残体，并深翻土壤，减少来年初侵染源。

（4）贮藏前剔除病伤的肉质根，并在阳光下晒后贮藏。采收和装运过程中避免破损。

（5）化学防治。在病害发病初期，可用50%代森铵水剂1 000倍液，或金霉素500毫克／升，或50%多菌灵可湿性粉剂500～800倍液，或50%福美双可湿性粉剂500～800倍液，或65%代森锌600～800倍液，或14%络氨铜水剂300倍液，或75%的百菌清600～800倍液，每6～7天喷雾1次，连续防治2～3次。

胡萝卜白粉病

胡萝卜白粉病1

胡萝卜白粉病2

症　　状　发病幼叶、老叶上初生污白色星点状霉层，下部叶片的叶背和叶柄生成白色或灰白色粉状斑点（病原菌的分生孢子梗和分生孢子），不久，叶表面和叶柄表面布满灰白色霉层，并从下部叶片逐渐向上部叶片扩展。严重时，下部叶片黄变而枯萎，叶片和叶柄上出现小黑点（子囊壳）。

病　　原　独活白粉菌*Erysiphe heraclei* DC.，属真菌界子囊菌门。无形态为*Oidium* sp.，称为粉孢，属真菌界半知菌类。

发生规律　在南方，病菌于伞形花科寄主植物上以无形孢子越冬。在北方，以子囊果在寄主上越冬，种子也可带菌。该病在干旱、少雨情况下，植株抗病力下降。常发生于5～6月和9～10月降雨少的干燥年份，当有适宜的湿度，气温达到20～30 ℃时发生并蔓延。早播或多肥造成茎叶繁茂时，病害随之提前发生，为害严重。干湿交替有利于病菌侵入，受害重。

防治方法

（1）选用抗病品种。

（2）种子消毒。用55 ℃温水浸种15分钟或用15%三唑酮可湿性粉剂拌种。

（3）农业防治。加强早期防治，避免过量施用氮肥，增施磷、钾肥等多肥栽培。早期间苗，病茎病叶应集中烧毁。合理密植，注意通风透光，适当浇水，雨后及时排水，降低空气湿度。发现初始病叶及时摘除，可减少田间菌源，抑制病情发展。收获后彻底清除田间病残体，集中烧毁或深埋。

（4）化学防治。发病初期，可喷洒药剂：40%多硫悬浮剂500倍液，或15%三唑酮可湿性粉剂 1 500～2 000倍液，或50%多菌灵可湿性粉剂500倍液，或70%甲基硫菌灵可湿性粉剂800倍液，或50%硫黄悬浮剂300倍液，或30%氟菌唑（特富灵）可湿性粉剂2 000倍液，或2%武夷霉素水剂200倍液，或12.5%烯唑醇（速保利）可湿性粉剂2 500倍液，或10%苯醚甲环唑水分散粒剂3 000倍液与75%百菌清可湿性粉剂500倍液混用，防治白粉病效果优异。

胡萝卜软腐病

症　　状　本病主要为害肉质根，高温多雨季节发生较多，造成根部腐烂、叶片黄萎。发病初期，先部分叶黄化后萎蔫，或整株突然萎蔫青枯。伤口附近组织出现半透明水渍状病斑，然后逐渐扩大，呈淡灰色，幼嫩组织呈水渍状腐烂，较老的组织患病后失水呈干缩状。在病害发生后期叶片和茎部组织也开始腐烂，由叶基部向茎部和根部扩展，根茎部位初为水渍状，后变褐色，引起根髓腐烂，形成黄色黏稠物，随即变为黏滑软腐状，蔓延快，由根茎部溢出的汁液散发出恶臭。

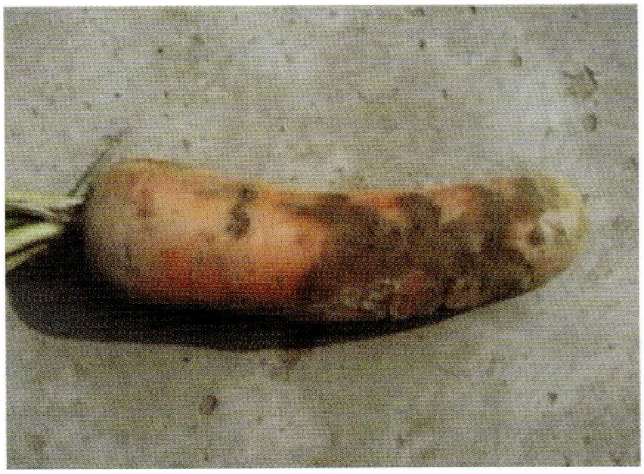

胡萝卜软腐病1

胡萝卜软腐病2

病　　原　胡萝卜软腐欧文氏菌胡萝卜软腐致病型*Erwinia carotovora* subsp. *carotovora* Bergey et al.，属细菌界薄壁菌门。

发生规律　病菌主要在病根组织中越冬，也可随病残体在土壤、土杂肥内和昆虫介质中存活越冬。在南方，越冬期往往不明显。传播媒介主要是昆虫、灌溉水、雨水，病原从伤口侵入，迅速繁殖造成寄主软腐。腐烂组织中的细菌又借昆虫、雨水传播，引起再侵染，使病害扩展蔓延。受地下害虫为害，田间作业人为造成伤口，使病菌易侵入。

地势低洼、排水不良、土壤黏重、施用未经腐熟的肥料、连作等，病害发生严重。

防治方法

（1）实行合理轮作。避免与茄科、十字花科蔬菜连作，与葱蒜类蔬菜及水稻进行3年轮作。

（2）加强栽培管理。深耕晒垄和及时中耕松土，高畦种植，避免积水，降低田间湿度。做好田园卫生，及时清理病株，并用生石灰或敌克松或5%甲醛等处理病穴消毒，翻耕土壤，促进病残体腐烂分解。

（3）注意防治跳虫甲、菜蛾等害虫，推广除草剂，避免田间作业人为造成伤口，采收、贮藏时注意避免碰伤，防止病菌侵入。

（4）化学防治。发病初期可喷洒药剂：77%氢氧化铜（可杀得）微粒可湿性粉剂500倍液，或新植霉素4 000倍稀释液灌根或茎基部喷雾，或72%农用硫酸链霉素可溶性粉剂4 000倍液，或47%（春雷 · 王铜）加瑞农可湿性粉剂800倍液，或14%络氨铜水剂300倍液，或70%敌克松原粉 500～1 000倍液，隔7～10天喷1次，连续防治2～3次。

胡萝卜病毒病

胡萝卜花叶病毒病

胡萝卜病毒病黄化

症　　状　胡萝卜苗期和生长中期易发生病害。发病初期，病叶开始表现为明脉和浓淡不匀的近圆形斑驳，以后叶柄缩短，叶皱缩扭曲畸形，重者呈严重皱缩花叶，心叶一般不显症。发病愈早，损失愈大。

病　　原　国外报道，为胡萝卜花叶病毒*Carrot mosaic virus*（CtMV）、胡萝卜杂色矮缩病毒*Carrot motley-dwarf virus*、胡萝卜薄叶病毒*carrot thin leaf virus*、胡萝卜斑驳病毒*Carrot mottle virus*（CMov）及胡萝卜红叶病毒*Carrot red leaf virus*（CtRLV），我国尚未报道。

发生规律　病毒可以在田间病株、杂草、土壤以及病株残体和种子上越冬。通过蚜虫和田间操作接触传播，传毒蚜虫有桃蚜、萝卜蚜、芹菜蚜等。种子也可带毒。发病适温20～25 ℃。缺水缺肥，一般发病较重，植株生长衰弱时病也严重。

防治方法

（1）加强田间管理。清洁田园及时清理病残体，深埋或烧毁。生长期间满足肥水供给，促进植株生长，增强抗病力。

（2）施用钝化剂。如1∶20的黄豆粉或皂角粉水溶液，在田间作业时喷洒，对防止操作接触传染有效，或肉质根置于36 ℃条件下处理39天，可使病毒钝化。

（3）早防蚜。用10%吡虫啉可湿性粉剂1 500倍液，或20%杀灭菊酯2 000倍液，或50%抗蚜威可湿性粉剂2 000倍液喷洒。除用药杀蚜外，还可挂镀铝聚酯反光幕或银灰塑料膜条避蚜。

（4）化学防治。发病初期，喷施20%盐酸吗啉胍（病毒A）可湿性粉剂500倍液或1.5%植病灵乳剂800倍液；发病较重时，喷施0.1%的医用高锰酸钾水溶液（严禁加入任何杀菌剂、杀虫剂或激素）。每7～10天喷药1次，连续防治 2～3次。

胡萝卜根结线虫病

症　　状　根部发病后，直根上形成大量根结（瘿瘤），成膨大半圆形的瘤，肉根分叉成手指状歧根。病情严重时，地上部生长衰弱。侧根上多生结节状不规则的圆形虫瘿，瘤初为白色，后变褐色，生于近地面5厘米处。

胡萝卜根结线虫病

病　　原　花生根结线虫*Meloidogyne arenaria* Chitwood，北方根结线虫*Meloidogyne hapla* Chitwood，均为动物界线虫门。幼虫具钝而分叉的尾部。

发生规律　根线虫的子龄虫或卵随病残体在土中过冬，通过浇水、病土及在带线虫的块根繁殖等途径传播。土质松软、干燥和低温条件下适合根线虫生长繁殖，发病重。

防治方法

(1)合理轮作。实行与石刁柏2～5年轮作或与葱蒜类蔬菜轮作，可收到理想效果。

(2)加强田间管理。精细整地，铲除残根、杂草，收获后清洁田园，除去根结和卵囊，集中烧毁，减少病原。

(3) 水浇法。有条件地区对地表10厘米或更深土层淤灌几个月，可起到防止根结线虫侵染繁殖增长的作用，淤灌后根结线虫虽然未死但不能侵染。

(4) 化学防治。在胡萝卜定植时，穴施10%力库满颗粒剂，每亩5千克，有很好的效果。生长期内用40%甲基硫磷200～300倍液灌根。

三、萝卜

萝卜霜霉病

症　　状　本病从萝卜苗期一直到采种期均可发生，发病时从植株下部向上扩展，最初叶面退绿出现不规则黄斑，后渐扩大为多角形黄褐色斑，直径以3～7毫米的居多，数个病斑连片，成为一个较大的斑块，在相应的叶背可见白霉状物，此即为本病病征（病菌孢囊梗与孢子囊），潮湿时更为明显，发病严重时病斑连片可致叶片干枯。茎部染病，出现黑褐色不规则状斑点。种株染病，种荚多受害，病部呈淡褐色不规则斑，上生白色霉状物。

萝卜霜霉病1

萝卜霜霉病2

萝卜霜霉病3

萝卜霜霉病4

病　　原　寄生霜霉萝卜属变种*Peronospora parasitica* var. raphani (Pers.) Fr.，属鞭毛菌亚门真菌。

发生规律　北方寒冷或海拔高的地区，病菌主要以卵孢子存在于病残体或土壤中，或以菌丝体在窖藏肉质根上越冬。翌年卵孢子萌发产出芽管，从幼苗胚茎处侵入，菌丝体向上蔓延至第一片真叶，并在幼茎和叶片上产出孢子囊形成有限的系统侵染，经风雨传播蔓延。此外，病菌还可附着在种子上越冬，播种带病菌的种子直接侵染幼苗，引起苗期发病。病菌也可以在菜株病部越冬，越冬后产生孢子囊。孢子囊成熟后脱落，借气流传播，在寄主表面产出芽管，由气孔或从细胞间隙侵入，经3～5天潜育又在病部产生孢子囊进行再侵染。本病借风雨传播蔓延，一般先侵染十字花科蔬菜再侵染根菜类蔬菜。如此多种侵染源，直到秋末冬初条件恶劣时，才在寄主组织产出卵孢子越冬，并经2～3个月的休眠后又可萌发，成为来年初的侵染源。

在温暖地区，特别是南方终年种植各种十字花科蔬菜的地区，病菌以孢子囊及游动孢子进行初侵染和再侵染，致该病周而复始，终年不断，不存在越冬问题。

该病在各地的发病条件基本相同，平均温度16 ℃左右，相对湿度高于70%，有连续5天以上的连阴雨天气1次或多于1次，有感病品种和菌源，该病即能迅速蔓延。萝卜发育的阶段不同，对霜霉病抵抗力不同，苗期子叶最感病，真叶较抗病，随着萝卜加速生长，外叶开始衰老，进入感病阶段，因此本病多在生长中后期发生。此外，与十字花科蔬菜连作，病原积累多，管理粗放，肥水不协调，因病毒病为害而减弱植株抗性等，均可促使霜霉病加重。

防治方法

（1）选用抗病的品种。凡是抗病毒病的品种一般也抗霜霉病，如郑研791萝卜。

（2）适期播种，不宜过早。

（3）精选种子并进行种子消毒，保证无病株留种，或播种前用种子重量的0.4%的

25%甲霜灵可湿性粉剂、50%福美双可湿性粉剂或75%百菌清可湿性粉剂拌种。

（4）实行2年以上与非十字花科蔬菜轮作，前茬收获后清除病叶及时深翻，合理密植。加强田间管理，创造利于萝卜生长发育不利于病菌侵染的环境。

（5）化学防治。在中短期测报基础上，在发现中心病株后开始喷洒农药，喷药后天气干旱可不必再喷药，如遇阴天或雾露等天气，则隔5～7天继续喷药，雨后必须补喷1次。常用药剂有40%三乙膦酸铝可湿性粉剂150～200倍液，75%百菌清可湿性粉剂500倍液，72.2%普力克水剂600～800倍液，64%恶霜灵锰锌（杀毒矾）可湿性粉剂500倍液，25%瑞毒霉可湿性粉剂800倍液等。

萝卜黑斑病

症　　状　本病主要为害叶片，叶面初生黑褐色至黑色稍隆起小圆斑，后扩大边缘呈苍白色，中间灰褐色或褐色，直径3～6毫米不等，同心轮纹明显或不明显，潮湿时斑面出现淡黑色霉状物病征（病菌分生孢子梗及分生孢子）。病部发脆易破碎，发病重，病斑连片致叶片局部枯死。留种株荚果染病亦生淡褐色至黑褐色近圆形或纵条形病斑，种荚结实不良。

萝卜黑斑病1

萝卜黑斑病2

萝卜黑斑病3

病　原　萝卜链格孢菌*Alternaria raphani* Groves et Skoloko，属半知菌亚门真菌。

发生规律　病菌的菌丝体或分生孢子在病残体或种子上存活越冬，以分生孢子作为初侵与再侵接种体，借助气流传播侵染致病。春、夏季该病在小白菜、萝卜、油菜和甘蓝等十字花科蔬菜上辗转发生，至秋季萝卜播种后，扩大侵染，造成为害或成灾。在南方一些地区可周年发生，或侵染白菜、红菜薹、油菜等冬茬蔬菜，并在这些蔬菜上越冬。该病发病的适温25 ℃，高湿天气有利于发病。

防治方法

（1）增施基肥，注意氮磷钾配合，避免缺肥，增强萝卜的抗病力。

（2）大面积轮作，及时摘除病叶，收获后及时翻晒土地，清洁田园，减少菌源。

（3）有发病可能时，需要在发病前开始喷施75%百菌清可湿性粉剂500～600倍液，或50%扑海因可湿性粉剂1 000倍液，或50%速克灵可湿性粉剂1 500倍液，或64%恶霜灵锰锌（杀毒矾）可湿性粉剂500倍液，或58%甲霜灵锰锌可湿性粉剂500倍液，隔7～10天防治1次，连续防治2～3次。

萝卜白斑病

症　状　本病主要为害萝卜叶片，发病初期叶片散生灰白色圆形斑，后扩大成浅灰色圆形至近圆形，直径2～6毫米，斑周缘有浓绿色晕圈，但叶背病斑周缘晕圈有时不明显，严重时病斑连成片，致叶片枯死，病斑不易穿孔，生育后期病斑背面长出灰色霉状物，即病菌的菌丝体。

萝卜白斑病

病　　原　芥假小尾孢*Pseudocercosporella capsella*（Ell.&Ev.）Deighton，属半知菌亚门真菌。

发生规律　病菌主要以分生孢子梗基部的菌丝或菌丝块附着在病叶上或以分生孢子黏附在种子上越冬。翌年产生孢子借雨水飞溅传播到萝卜叶片上，孢子萌发后从气孔侵入，引起初侵染。病斑形成后又可产生分生孢子，借风雨传播进行再侵染。此病对温度要求不严格，5～28 ℃均可发病，发病适温11～23 ℃。旬均温23 ℃，相对湿度高于62%，降雨16毫米以上，适宜该病发生，一般雨后12～16天开始发病，此为初侵染，病情不重。萝卜生育后期，旬均温11～20 ℃，旬相对湿度60%以上，经过再侵染，病害扩展，连续降雨，就可促进病害流行。白斑病流行的气温偏低，属低温型病害。因此，在北方菜区本病盛发于8～10月，长江中下游及湖泊附近菜区，春秋两季均可发生，但以多雨的秋季发病重。此外，播种早、连作年限长、下水头、氮肥或基肥不足、植株长势弱的发病重。

防治方法

（1）选用抗病品种。不同品种对白斑病的抗性有差异，各地应根据本地实际选用抗病品种。

（2）轮作。实行3年以上轮作，不与十字花科蔬菜连作、套作，前茬可以是小麦、豆类、茄果类、瓜类等。

（3）平整土地，减少田间渍水。适时播种；增施基肥，适施追肥。加强管理，增强植株对病害的抵抗力。

（4）化学防治。发病初期喷洒50%苯菌灵可湿性粉剂1 500倍液，或50%甲基硫菌灵可湿性粉剂400～500倍液，或40%多·硫悬浮剂，或50%多霉灵可湿性粉剂800倍液，或50%混杀硫悬浮剂600倍液，对上述杀菌剂产生抗药性的地区要改用65%甲霉灵1 000倍液，其间可视虫情将以上药剂与敌敌畏及拟除虫菊酯类杀虫剂混合喷洒，以减少打药次数，病虫兼治。

萝卜白锈病

症　　状　从苗期到结荚期均可发生本病，以抽薹开花期发病最重。发病初期仅见叶两面受害，叶正面出现退绿黄斑，相应的叶背出现白色稍隆起疱斑，然后疱斑破裂散出白色粉状物，此即为本病病征（病菌孢子囊）。严重发病的叶片病斑密布，叶片枯黄。种株花梗受害，致患部肿大畸形扭曲，如与霜霉病并发，花梗变形更为明显，呈“龙头拐”状。

萝卜白锈病

病　　原　大孢白锈菌*Albugo macrospora* (Togashi) Ito，白锈菌*A. candida* (Pers.) Kuntze，均属鞭毛菌亚门真菌。

发生规律　两菌均以菌丝体及卵孢子在病残体及种株上越冬。在寒冷地区病菌以卵孢子作为初侵接种体借助灌溉水传播，直接萌发芽管侵染致病。在温暖地区，病菌主要以无性态孢子囊及其萌发产生的游动孢子作为初侵接种体，借助雨水传播侵染致病，病菌无明显越冬期。通常冬春寒雨多的天气或种植地环境湿度大时有利于发病，偏施氮肥的植株发病重。品种间抗病差异情况不详。白绣菌在0～25 ℃均可萌发，以10 ℃为适，该病多在低温年份或雨后发病，一年中以春、秋两季发生多。

防治方法　因为病菌同属于鞭毛菌亚门真菌，本病防治可结合霜霉病的防治一起进行，抓好霜霉病的防治也可兼治本病。

（1）轮作与非十字花科蔬菜作物隔年轮作。可减少菌量，减轻发病。

（2）改善和加强栽培管理实行深耕。将地面病残体深翻土下；清除田间十字花科杂草；适时迟播，减轻病害；施足基肥，合理追肥，增施磷钾肥；开深沟，及时排水，降低湿度；及早摘除发病茎叶或拔除病株，收获后清理田间病残体。

（3）化学防治。在发病初期或发现发病中心时，及时施药。重点抓住苗期和抽薹期防治。常用药剂有25%甲霜灵可湿性粉剂1 000倍液，58%甲霜灵锰锌可湿性粉剂500倍液，64%恶霜灵锰锌（杀毒矾）可湿性粉剂500倍液，50%退菌特可湿性粉剂500～800倍液，50%福美双可湿性粉剂500倍液，50%灭菌特可湿性粉剂500倍液等杀菌剂。

萝卜炭疽病

症　　状　本病主要为害萝卜的叶、茎和种荚。叶斑近圆形或椭圆形，黄褐色至褐色，横径2～5毫米不等，多较细小，斑中部稍凹陷而色淡，边缘稍隆起而色深。多个小斑可融合为不规则的较大斑块，有的病斑易破裂或脱落，呈叶面穿孔。严重时叶斑密布，叶片黄枯。湿度大时，病部出现朱红色小点病征（病菌分孢盘及分生孢子）。种荚或茎上病斑呈近圆形或梭形，稍凹陷。

萝卜炭疽病1

萝卜炭疽病2

病　　原　希金斯炭疽病*Colletotrichum higginsianum* Sacc.，属半知菌亚门真菌。

发生规律　病菌以菌丝体或分生孢子在种子或病残体上越冬，翌年温度适宜时，分生孢子通过雨水或雨滴溅射传播蔓延，并进行重复侵染。秋季高温、多雨病重。

防治方法

（1）种子消毒。50 ℃温水浸种20分钟后移入冷水中冷却，晒干后播种。

（2）适期播种。收获后清除病残体可减轻为害。

（3）化学防治。发病初期喷洒50%多·硫悬浮剂700～800倍液，或50%甲基硫菌灵可湿性粉剂500～600倍液，或25%苯菌灵可湿性粉剂700倍液加75%百菌清可湿性粉剂1 000倍液，或80%炭疽福美可湿性粉剂800倍液，或80%波尔多液可湿性液剂（必备）300～500倍液，7～10天用药1次，连续防治2～3次。

萝卜根肿病

症　　状　本病主要为害根部，被害根部形成大小不等的肿瘤，肿瘤形状不定。通常主根无明显变形，但体形变小。肿瘤主要发生在侧根上，发病初期植株地上部症状不明显，随着地下部病情的发展，地上部生长变缓，植株显得矮小，基部叶片常在中午萎蔫，早晚恢复，重者叶片萎垂甚至植株枯死。

病　　原　芸薹根肿菌*Plasmodiophora brassicae* Woronin，属鞭毛菌亚门、根肿菌真菌。

发生规律　病菌以休眠孢子囊在土壤中，或黏附在种子上越冬，并可在土中存活5～6年。孢子囊借雨水、灌溉水、害虫及农事操作等传播，萌发产生游动孢子侵入寄主，经10天左右根部长出肿瘤。

病菌在9～30 ℃均可发育，适温为19～25 ℃，适宜相对湿度为50%～98%，土壤含水量低于45%病菌死亡。适宜pH值为5.4～6.5，pH值为7.2以上发病少。一般低洼及水田改旱田后或氧化钙(CaO)不足时发病重。

防治方法

（1）轮作。发病重的菜地实行6年以上轮作，春季可与茄果、瓜类和豆类蔬菜轮作，秋季可与菠菜、莴苣和葱蒜类蔬菜轮作。

萝卜根肿病

（2）改良土壤酸碱度。整地时施入生石灰100千克或更多，使其调到微碱性。

（3）加强田间管理。采用高畦栽培，低洼地及时排除积水，施用充分腐熟的有机肥，勤中耕，勤除草，提高植株抗病性。

（4）化学防治。病区播前用种子重量0.3%的40%五氯硝基苯粉剂拌种，必要时可用40%五氯硝基苯500倍悬浮液喷淋根部，每株灌兑好的药液0.4～0.5升。另据国外报道，苯菌灵、代森锌、胶体硫也具有较好的防病效果。除草剂氟乐灵和敌草胺也能减轻病害，上述除草剂和多菌灵混合使用比单独使用效果更好。

（5）太阳能消毒土壤。利用地膜覆盖和太阳辐射，使带菌土壤增温数日，可消灭部分病菌。一般在高温的夏天进行，先整好地，覆盖薄膜，使土表下20厘米处增温至45 ℃左右，大约维持20天。

萝卜黑腐病

症　　状　本病主要为害叶和根，叶片染病，叶缘出现“V”字形病斑，叶脉变黑，叶缘变黄，后扩及全叶。根部染病导管变黑，内部组织干腐，外观往往看不出明显症状，但髓部多呈黑色干腐状，后形成空洞。田间多并发软腐病，形成腐烂状。

萝卜黑腐病叶

萝卜黑腐病

病　　原　油菜黄单胞杆菌油菜致病变种*Xanthomonas campestris* pv. *campestris* (Pammel) Dowson，属细菌。

发生规律　病菌在种子或土壤里及病残体上越冬，种子带菌是发病的主要来源，播种带菌种子，病株在地下即染病，致幼苗不能出土，有的虽能出土，但出苗后不久即死亡。在田间通过灌溉水、雨水及虫伤或农事操作造成的伤口传播蔓延，病菌从叶缘处水孔或叶面伤口侵入，先侵害少数薄壁细胞，后进入维管束向上下扩展，形成系统侵染。在发病的种株上，病菌从果柄维管束侵入，使种子表面带菌，也可从种脐侵入，使种皮带菌，带菌种子成为此病远距离传播的主要途径。该病发病的适温为25～30 ℃，高温多雨、连作或早播、地势低洼、灌水过量、排水不良、肥料少或未腐熟及人为伤口和虫伤多发病重。

防治方法　防治黑腐病应采取选用无病种子、轮作、施净肥等为重点的综合防治措施。

（1）轮作倒茬。与非十字花科蔬菜实行2年轮作，深翻土壤，加速病残体的分解和病菌的死亡。有机肥应充分腐熟后施用，采用配方施肥技术。

（2）适时播种，不宜过早。

（3）选用耐病品种。

（4）种子处理。50 ℃温水浸种20分钟后，立即在冷水中冷却，捞出晾干后播种，或60 ℃干热灭菌6小时。药剂拌种可用种子重量0.4%的50%琥胶肥酸铜可湿性粉剂拌种，用清水冲洗后晾干播种。也可用种子重量0.2%的50%福美双可湿性粉剂或35%甲霜灵拌种剂拌种。

（5）加强管理。苗期小水勤浇，降低土温，及时间苗、定苗。及时防治害虫，减少传病媒介。

（6）化学防治。发病初期开始喷洒72%农用硫酸链霉素可溶性粉剂3 000～4 000倍液，或丰灵200倍液，或农抗七五一80倍液，或50%克菌壮可湿性粉剂100～150克/亩，或90%链·土可湿性粉剂（新植霉素）10～15克/亩。隔7～10天防治1次，连续防治3～4次。

萝卜软腐病

萝卜软腐病

症　　状　本病主要为害萝卜根、茎、叶柄或叶片。根部多从根尖开始发病，刚开始出现油渍状的褐色病斑，随后根变软腐烂，继而向上蔓延使心叶变黑褐色软腐，烂成黏滑的稀泥状；肉质根在贮藏期染病亦会使部分或整个萝卜变黑褐色、发软腐烂；采种株染病常使髓部溃烂变空。植株所有发病部位呈黏滑烂泥状，发出一股难闻的臭味。该病在湿度大时发病严重，遇干旱后停止发展。本病维管束不变黑，以此与黑腐病相区别。

病　　原　胡萝卜软腐欧氏杆菌胡萝卜软腐致病型 *Erwinia carotovora* subsp. *carotovora* (Jones) Bergey et

al.，属细菌。

发生规律 病害的初侵染源可来自田间其他发病的寄主及未分解腐烂的病残体，细菌通过灌溉、土壤耕作及昆虫传播，从植株的伤口侵入，侵入后分泌果胶酶使细胞崩解软腐。土壤黏重、湿度过大、植株体表机械伤、虫伤、自然伤口较多时发病就会重些；与寄主作物如十字花科、茄科等作物连作或邻作，病菌来源多时亦发病较重。本菌发育的温度范围为2～41 ℃，适宜温度25～30 ℃，50 ℃经10分钟致死，pH值5.3～9.2时可耐受，适宜的pH值为7.2。

（1）气候与发病的关系。多雨高温天气，病害易流行。这是因为病菌在20～30 ℃高温下，生长发育快。病菌要从伤口侵入，雨水多植株伤口不易愈合，这为侵染带来更多机会。

（2）害虫与发病的关系。害虫为害后留下许多伤口，有利于病菌的侵入；同时，有的害虫体内外携带病菌，是传播病害的媒介。如黄曲条跳甲和菜蝽的成虫、菜粉蝶和猿叶虫幼虫等口器和肠道都带有病菌，小菜蛾体表也带有细菌；蛴螬、蝼蛄等地下害虫造成的伤口，也能导致发病。

（3）栽培条件与发病的关系。高畦栽培比平畦栽培发病轻。因为高畦栽培可避免灌溉和雨水浸泡茎基部，不利于细菌的侵入，且有利于伤口的愈合；同时，高畦栽培可以促进根系发育，增强植株长势，提高抗病力。此外，施用未腐熟的有机肥、土壤黏重、中耕时伤根、与十字花科蔬菜连作、早播等情况可诱发软腐病。

防治方法 防治萝卜软腐病应以加强栽培管理、选用抗病品种和防治害虫为主，结合化学防治，才能收到良好的效果。

（1）选择无病地种植，与非十字花科蔬菜进行3年以上轮作，起垄栽培。

（2）彻底清除田间病残体，不施用烂菜堆制未腐熟的土杂肥，发现病株立即拔除，病穴撒生石灰消毒。

（3）翻晒土壤，加施优质有机底肥，高畦种植，田间管理尽量避免引起人为伤口，及时治虫。

（4）化学防治。72%农用链霉素可溶性粉剂3 000～4 000倍液，或新植霉素4 000倍液，或14%络氨铜水剂350倍液等，隔7～10天淋施1次，连续淋2～3次。也可选用24%农用硫酸链霉素可湿性粉剂40～80克/亩，50%克菌壮可湿性粉剂100～150克/亩。

萝卜病毒病

症　状 花叶型多整株发病，叶片出现叶绿素不均，深绿和浅绿相间，有时发生畸形，有的沿叶脉产生耳状突起。采种株受害则植株矮化，但很少出现畸形，结荚少而不饱满。

萝卜病毒病

病　原 主要有三种病毒：芜菁花叶病毒（TuMV）、黄瓜花叶病毒（CMV）和萝卜耳突花叶病毒(REMV)。

发生规律 三种病毒均可通过摩擦方式汁液传毒。此外，REMV可由黄曲条跳甲、黄瓜十一星叶甲传毒。CMV和TuMV由桃蚜、萝卜蚜传毒。田间管理粗放，或遇高温干旱年份，蚜虫、跳甲发生量大，抗病力差的植株发病重。

（1）萝卜发育阶段与发病的关系。萝卜苗期植株生长柔嫩，若遇蚜虫迁飞高峰，容易感染病毒病，且受害严重。

（2）有翅蚜迁飞活动与发病的关系。有翅蚜的活动与温、湿度有密切关系，也受风速与光照的影响。气温在26～28 ℃，有翅蚜活动量大，18 ℃以下或32 ℃以上不活动；

相对湿度在70%时适宜于有翅蚜活动，超过70%则活动少。同时蚜虫迁飞受日光和风速的影响，晴天起飞数量很多，阴天起飞数量少，风速超过1.87米/秒（2级风左右）时，迁飞数量很快下降。大雨对蚜虫有冲刷作用，所以在萝卜播种前后有大雨或阴雨连绵天气，病害较轻。

与发病有关的蚜虫迁飞有两次高峰。第一次是从夏菜往秋萝卜等菜上迁飞，迁到萝卜上的有翅蚜数量是决定当年萝卜发病并影响当年萝卜产量的重要因素之一；第二次高峰是萝卜等秋菜上产生的有翅蚜扩散迁飞，增加为害株数，关系到病毒在本田扩散蔓延，较少影响当年产量，但可增加种株带毒量。因此，掌握蚜虫迁飞消长规律来预测病毒病的发生十分重要。

（3）气候与发病的关系。萝卜苗期高温干旱适于病害的发生和流行。在有带毒的有翅蚜和大量毒源植物的地区，病毒病的发生取决于萝卜苗期的降雨量和气温。降雨量大发病轻，降雨量小或干旱发病重。降雨可以抑制有翅蚜的活动，有利于萝卜生长。高温干旱对蚜虫繁殖和活动有利，对萝卜生长不利，植株抗病力弱，因此发病常较严重。

（4）萝卜品种抗病性与发病关系。虽然没有对病毒病免疫的品种，但不同品种对病毒病抵抗力差异很大，同一品种不同个体发病程度也不一致。

（5）邻作与发病的关系。十字花科蔬菜互为邻作，病毒相互传染，发病重。

（6）不适当的早播也常易引起病毒病的流行。

防治方法　防治病毒病应采取改进栽培管理和灭蚜防病相结合的综合措施，有抗病品种的地区应大力推广抗病品种。

（1）选用抗病品种。如豫萝卜一号（791萝卜）。

（2）苗期用银灰膜或塑料反光膜、铝光纸反光避蚜。

（3）及时防治蚜虫和跳甲。

（4）加强栽培管理，适期播种。常发病地区或秋季高温干旱年份，萝卜要适当晚播；反之，可适当早播。若播种过早，当时气温高，蚜虫发生多，病毒病严重。

（5）化学防治。发病初期喷洒20%盐酸吗啉胍（病毒A）可湿性粉剂500倍液，或1.5%植病灵乳剂1 000倍液，或10%混合脂肪酸水乳剂（抑病灵）600～1 000克/亩，或3%甲酚·愈创木酚可溶性液剂（消毒立逃）110～160克/亩，或6.5%菌毒清水剂（博乐）150～200克/亩，隔10天左右1次，连续防治3～4次。

第二部分　生理性病害

一、马铃薯

马铃薯缺素症

1.缺氮

症　　状　本病于开花前表现出症状。植株矮小，生长弱，叶片均匀淡绿色，严重时叶片上卷呈杯状，到生长后期，基部小叶的叶缘完全失绿而皱缩，有时呈火烧状，叶片脱落，产量低。

马铃薯缺氮

防治方法　氮素对马铃薯生长是至关重要的，缺氮多发生在有机质含量较低，酸度足以抑制硝化作用的沙壤土上。生产上发现缺氮时马上埋施发酵好的人粪，也可将尿素或碳酸氢铵等混入10～15倍腐熟有机肥中，施于马铃薯两侧，后覆土、浇水，也可在栽后15～20天结合施苗肥，每亩施入硫酸铵5千克。栽后40天施长薯肥，每亩用硫酸铵10千克或人粪尿1 000～1 500千克。

2.缺磷

症　　状　马铃薯早期缺磷影响根系发育和幼苗生长，缺磷时植株矮小、僵直、暗绿，叶片上卷。孕蕾至开花期缺磷，叶部皱缩，色呈深绿，严重时基部叶变为淡紫色，植株僵立，叶柄、小叶及叶缘朝上，不向水平展开，小叶面积缩小，色暗绿。缺磷过多时，块茎内部易出现铁锈色痕迹。

马铃薯缺磷

防治方法　防止缺磷，基肥每亩施过磷酸钙15～25千克，混入有机肥中施于10厘米以下耕作层中；开花期每亩施过磷酸钙15～20千克，也可叶面喷洒0.2%～0.3%磷酸二氢钾或0.5%～1%过磷酸钙水溶液。

3.缺钾

症　　状　马铃薯缺钾，则生长缓慢、节间短、叶面粗糙皱缩、叶片边缘和叶尖萎缩；叶尖及叶缘开始呈暗绿色，随后变为黄棕色，并逐渐向全叶扩展，叶脉间具青铜色斑点，且向下卷曲；小叶排列紧密，与叶柄形成夹角小，老叶青铜色，干枯脱落，切开块茎时内部常有灰蓝色晕圈。缺钾的症状出现较迟，一般到块茎形成期才呈现出来，严重时产量降低。

马铃薯缺钾1

马铃薯缺钾2

防治方法　基肥混入200千克草木灰。栽后40天施长薯肥时用草木灰150～200千克或硫酸钾10千克兑水浇施。也可在收获前40～50天喷施1%硫酸钾，隔10～15天喷1次，连用2～3次。也可喷洒0.2%～0.3%磷酸二氢钾或1%草木灰浸出液。

4.缺钙

症　　状 缺钙早期顶芽幼龄小叶叶缘出现淡绿色色带，后坏死致小叶皱缩或扭曲，严重时顶芽或腋芽死亡。根部易坏死，块茎小，有畸形成串小块茎，块茎表面及内部维管束细胞常坏死。

马铃薯缺钙

防治方法 要根据土壤诊断，施用适量石灰，应及时叶面喷洒0.3%～0.5%氯化钙水溶液，每隔3～4天1次，共2～3次。此外，还可施用惠满丰液肥，每亩用量为450毫升，稀释400倍，叶面喷施3次即可，也可喷施绿风95植物生长调节剂600倍液。

5.缺镁

症　　状 马铃薯是对镁较为敏感的作物。缺镁时老叶的叶尖、叶缘及脉间退绿，并向中心扩展，后期下部叶片变脆、增厚。严重时植株矮小，失绿叶片变棕色而坏死、脱落，块根生长受抑制。

马铃薯缺镁

防治方法 首先施足充分腐熟的有机肥，改良土壤理化性质，使土壤保持中性，必要时也可以施用石灰进行调节，避免土壤偏酸或偏碱。施用含镁的完全肥料，应急时，可在叶面喷洒1%～2%硫酸镁水溶液，每隔2天1次，每周喷3～4次。

6.缺锰

症　　状 马铃薯缺锰时，病症首先在新生的小叶上出现，如叶脉间失绿后呈浅绿色或黄色，严重时脉间几乎全为白色，并沿叶脉出现许多棕色小斑。最后小斑枯死、脱落，使叶面残缺不全。

马铃薯缺锰

防治方法　土壤黏重、通气不良的碱性土壤容易缺锰。为防止缺锰，可于叶面喷洒1%硫酸锰水溶液1～2次。

7.缺铁

症　　状　马铃薯缺铁症状首先出现在幼叶上，缺铁叶片失绿黄白化，心叶常白化，称失绿症。初期脉间退色而叶脉仍绿，叶脉颜色深于叶肉，色界清晰，退绿的组织向上卷曲，严重时叶片变黄，甚至变白。

马铃薯缺铁

防治方法　土壤中磷肥多或偏碱性，影响铁的吸收和运转，常出现缺铁症状。为防止缺铁，可于始花期喷洒0.5%～1%硫酸亚铁溶液1～2次。

8.缺硫

症　　状　马铃薯缺硫时，植株叶片、叶脉普遍黄化，与缺氮类似，生长缓慢，但叶片并不提早干枯脱落，严重时叶片出现褐色斑块。

防治方法　长期或连续施用不含硫的肥料，易出现缺硫。所以施用硫酸铵等含硫的肥料可防止缺硫。

9.缺硼

症　　状　马铃薯缺硼时，根端、茎端生长停止，严重时生长点坏死，侧芽、侧根萌发生长，枝叶丛生；叶片粗糙、皱缩、卷曲、增厚变脆、皱缩歪扭、退绿萎蔫，叶柄及枝条增粗变短、开裂、木栓化，或出现水渍状斑点或环节状突起；块茎小，薯块内部会出现褐色斑点。

马铃薯缺硼1

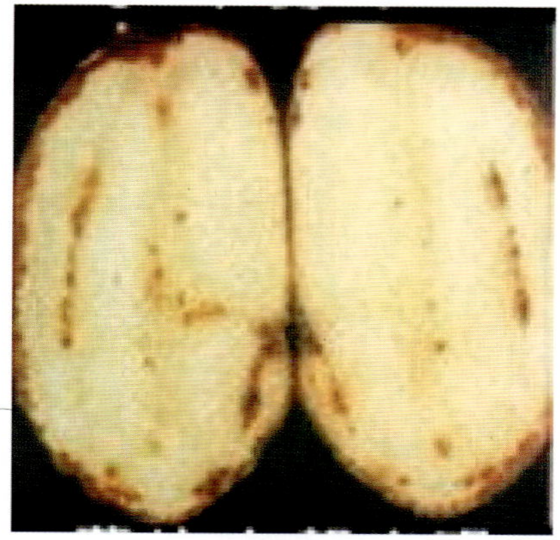

马铃薯缺硼2

防治方法　土壤酸化、硼素被淋失或石灰施用过量，均会出现缺硼。要防止缺硼，于苗期至始花期每亩穴施硼砂0.25～0.75千克，也可在始花期喷施0.1%硼砂溶液。

马铃薯生理性黑心

症　　状　该病发生时块茎外表无症状，切开后可见块茎中心变黑，有的变黑部分中空，表现为失水变硬，呈革质状，但不容易腐烂，无异味。发病严重时，黑心部分可延伸到芽眼部位，薯皮局部变褐色并凹陷。如果受细菌侵染也可发生腐烂。有别于黑胫病引起的黑心。

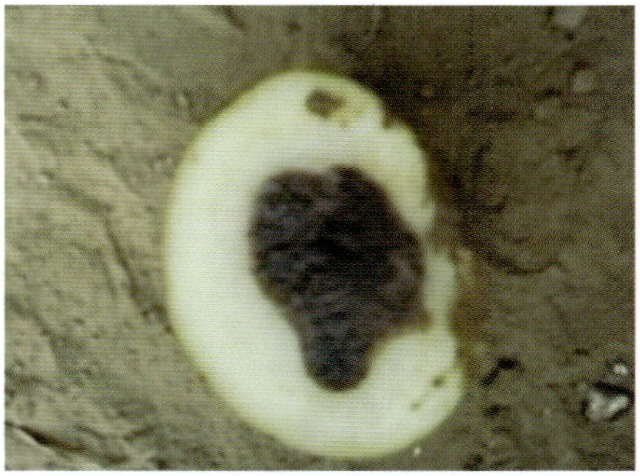

马铃薯生理性黑心

病　　因　薯块堆积过厚，贮藏空间通风不良，薯块内部供氧不足、缺氧呼吸或二氧化碳中毒，容易造成马铃薯黑心，常发生于贮运过程中。

防治方法　要改善块茎贮运条件，散放贮存，避免薯块堆积过厚，选择阴凉、通风、低温处贮藏，避免在温度过高（超过21 ℃）或过低（近0 ℃）条件下贮存太长时间。装袋要避免采用不透气的塑料袋，避免强光长时间照射。

马铃薯块茎空心

症　　状　本病多发生于块茎的髓部，表皮无任何症状。一般大块茎容易出现空心，空心多呈星形放射状或扁心形，有时几个空洞连接起来，洞壁呈白色或棕褐色。在块茎出现空心之前，其髓部组织呈水浸状或透明状。

马铃薯块茎空心

病　　因　块茎膨大速度过快是产生空心的基本原因。块茎膨大期间，肥水管理使块茎急剧增大，大量吸收水分，淀粉转化为糖，容易造成空心。块茎膨大前期土壤干旱，后期突然浇水或降雨，也容易引起空心。钾肥施用不足也容易发生空心。

防治方法　在块茎膨大期合理灌溉，保持适宜的土壤湿度，并要合理密植，增施钾肥，注意培土。

马铃薯裂薯

症　　状　病薯在收获时可发现块茎表面有一条或多条开裂，裂口被愈合的周皮组织覆盖，裂口的宽窄长短不一。

马铃薯裂薯1

马铃薯裂薯2

病　　因　土壤水分不稳定是发生裂薯的主要原因。土壤忽干忽湿，可造成块茎在干旱时形成周皮，膨大速度慢，而当土壤含水量大、植株吸水多时，块茎膨大速度加快，使其内部压力超过表皮的承受能力而产生裂缝，随着块茎的膨大，裂缝逐渐加宽。此外，膨大期土壤肥水偏大也易引起块茎外皮产生开裂。

防治方法　主要是增施有机肥，保证土壤始终肥力均匀；同时要适时合理浇水，避免土壤忽干忽湿，保证块茎膨大期土壤有适宜的含水量，避免干旱，同时还要保持土壤透气性好。

马铃薯畸形

症　　状　畸形包括：肿瘤块茎，即在块茎的芽眼部位突出，形成瘤状小薯；哑铃形块茎，即在靠近块茎顶部形成“细脖”；次生块茎，即在块茎上再形成块茎，在块茎上产生新的枝叶；链状二次生长，即块茎上长出匍匐茎再形成块茎。

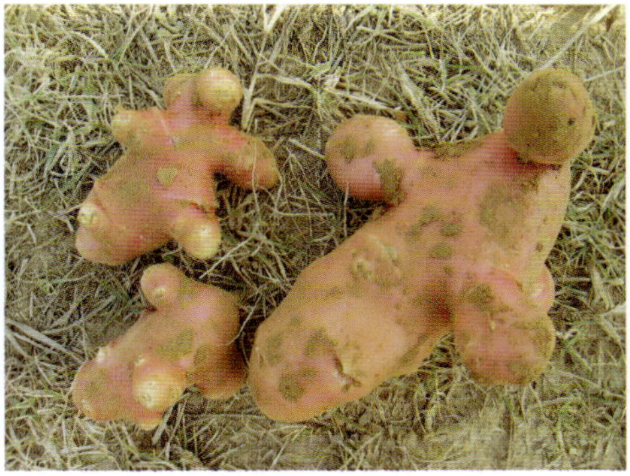

畸形薯1

畸形薯2

病　　因　畸形薯多是由于块茎发生二次膨大生长而形成的。品种不同，二次生长引起的畸形表现也不同。凡是不能使块茎正常发育的外界条件，均能产生畸形薯，主要是由高温、干旱与高湿交替出现等因素引起。在块茎生长期，高温干旱使块茎停止生长，甚至造成芽眼休眠。随后，由于块茎已停止生长形成了周皮，因而新吸收的养分就运到能够继续生长的部位，如芽眼、块茎顶端等处，引起畸形生长。

畸形薯3

防治方法　主要是保持适宜的块茎膨大条件。结合当地气候确定播期，使块茎膨大期避开高温。增施有机肥来增加土壤肥力。适当深耕，要中耕培土，保持土壤良好的透气性。科学浇水追肥，保持土壤湿润。

二、胡萝卜

胡萝卜叉根

症　　状　胡萝卜分叉是指主根（肉质根）生长受阻而使侧根膨大。正常情况下，侧根只有吸收水分和养分的作用。如果胡萝卜的主根受到破坏或生长受阻，侧根就会累积养分而膨大。胡萝卜产生分叉，会使其失去商品价值，大大影响收益。

胡萝卜叉根

发生原因

（1）种子质量。陈种子生活力较弱，发芽不良，影响到幼根先端的生长，有的胚根受到破坏，易产生分叉；雨季收获的种子由于授粉不良，易形成无胚或胚发育不良的种子，播种这些种子，肉质根易产生分叉。

（2）土壤。黏重土壤中的胡萝卜，由于透气性较差，生长容易受阻，肉质根易分叉；耕作层浅而坚硬的地块中生长的胡萝卜主根生长受阻，促使侧根发育，肉质根易产生分叉；土壤中有碎石、砖、瓦块、树根等坚硬物也会阻碍胡萝卜肉质根的生长，导致分叉产生。

（3）施肥。胡萝卜对土壤中肥料溶液浓度很敏感，适宜其正常生长的土壤溶液浓度幼苗期0.5%，肉质根膨大期1%，浓度过高肉质根易产生分叉，所以施肥过量或追肥不均会引起胡萝卜分叉；施用未腐熟的新鲜有机肥、种子播种在粪块上或与化肥直接接触，均可引起肉质根分叉。

（4）管理不当。中耕、锄草不注意，损伤了肉质根或生长点，产生分叉。

（5）地下害虫为害。根结线虫严重的地块，分叉严重。另外蝼蛄、蛴螬等地下害虫的咬食，也会产生分叉。

防治方法

（1）选择优良品种。选择肉质根顺直耐分叉的优质高产品种，如郑参一号、郑参丰收红、日本新黑田五寸人参、红誉五寸等。购种时要选择新鲜饱满发育完全的种子。

（2）种植胡萝卜的地块要选择沙壤土或壤土，尽量不要在土质黏重的土地上种植。

（3）地块要深耕细耙，耕深不浅于25～30厘米，纵横细耙2～3次，力争土细；整地时不要漏耕漏耙，特别是地边地头，同时要注意捡出地里的碎砖、瓦、石块和树根等杂物。

（4）有机肥要充分腐熟，施肥时要力争使有机肥细碎，撒施均匀。

（5）注意及时防治地下害虫。

胡萝卜裂根

症　　状　胡萝卜肉质根表皮开裂，可深裂到髓部，致使肉质根失去商品价值，大大影响收益。

发生原因

胡萝卜裂根

（1）生长期中土壤水分供应不均匀。一般是生长初期干旱，肉质根生长不良，内部细胞分裂缓慢，表皮逐渐硬化。而生长中后期由于雨水或灌水充足，内部细胞吸水加速分裂和膨大，而已硬化的表皮不能相应地生长，就会出现肉质根开裂现象。

（2）施追肥过量，营养过剩，或间苗时定苗过稀，营养面积过大，肉质根过速生长，均会造成肉质根开裂。

防治方法

（1）均匀浇水，忌干湿不均。特别是胡萝卜生长初期，要保证主根的正常生长。一般土壤含水量保持60%～80%。

（2）施追肥适量、均匀，追肥要少量多次。生长期间一般追肥2～3次，定苗后进行第1次追肥，偏施氮肥，亩追尿素10千克左右；肉质根膨大期进行第2、3次追肥，偏施磷、钾肥，每次亩追氮磷钾复合肥15千克左右。

（3）合理密植。一般中小型品种株行距10厘米左右，大型品种株行距13～15厘米。

胡萝卜瘤状根

症　　状　胡萝卜瘤状根指胡萝卜肉质根表皮出现瘤状物，不但降低了其品质，而且食用价值差。

发生原因　土质的影响，水分的变化。

防治方法

胡萝卜瘤状根

（1）胡萝卜适应性强，栽培容易，对土壤的选择性小，沙壤土、壤土、黏土质均可栽培成活。胡萝卜的肉质根表面上有相对四个方向纵列四排须根，细根较多，主根深达2米以上，根系扩展60多厘米。根的表面有气孔，以便根内部与土壤中空气进行交换。若栽培在土质黏重的土壤里，因该土壤通气情况差，迫使气孔扩大而使胡萝卜表皮粗糙，形成瘤状物，结果使得胡萝卜的肉质根品相太差，质量次，售价低。因此，为提高胡萝卜的外观质量，提高胡萝卜的经济效益，一般不要栽培在土质黏重的土壤中，而应栽在土层深厚、排水良好的沙壤土里。前茬作物收后及时清洁田园，施足充分腐熟的有机肥，进行耕翻。先浅耕灭茬，晒垡，而后深耕20～30厘米。

（2）种植胡萝卜不仅要选择土层深厚、肥沃、富含腐殖质的壤土或轻沙壤土，而且在水分的管理上要保持土壤有效含水量60%～80%。土壤过干，肉质根细小、粗糙、外形不正，质地粗硬；土壤湿度过大，排水不良。土壤干、湿过快，根表面的气孔凸起较大，形成瘤状物，胡萝卜对水分管理的要求是保持一定湿润，见干见湿。

三、萝卜

萝卜糠心

症　　状　糠心又称空心，即萝卜肉质根中心部位发生空洞现象。起初在木质部薄壁组织的大型细胞中糖分减少甚至消失，由于这些大型细胞输导组织远，产生了细胞间隙，接着出现气泡，最后变成糠心状。

萝卜糠心

病　　因　糠心现象受多种因素影响。

（1）糠心与品种有关。一般肉质致密的小型品种不易糠心，而肉质根疏松的大型品种容易糠心。

（2）糠心与环境条件有关。一般较高的日温和较低的夜温比较适宜萝卜生长，不易发生糠心现象。如果日夜温度都高，特别是夜间温度高，会消耗大量同化产物，容易引起糠心。在肉质根形成期间如果光照不足，同化物减少，茎叶生长受到限制，也容易产生糠心现象；如果萝卜在肉质根膨大初期，土壤水分较多，而膨大后期再遇干旱，容易产生糠心现象；如果在肉质根膨大期供肥过多，肉质根膨大过快容易产生糠心现象；如果肥水不足，地下部与地上部生长缓慢，反而不易糠心。

（3）密度会影响糠心。一般密度小时，植株生长旺盛，肉质根膨大快，容易产生糠心；密度大时，不易产生糠心。

（4）播种过早易产生糠心现象；先期抽薹也是引起糠心的原因之一，由于抽薹后，营养向地上部转移，肉质根由于缺乏营养而出现糠心现象。

防治方法　为了防止和减轻萝卜糠心，提高萝卜的商品性和营养品质，必须从品种选择、肥水管理和贮藏环节上针对引起糠心的原因采取必要措施：选择适宜的栽培品种，采取科学的肥水管理，保持适宜的贮藏温度和贮藏时间，也可以叶面喷肥和激素防止糠心。据研究，5%蔗糖，5毫克/升的硼和50～100毫克/升的NAA混合喷施，效果较好。

萝卜肉质根分叉和弯曲

症　　状　萝卜肉质根分叉和弯曲是在肉质根的发育过程中，主根生长点遭到破坏，侧根在特殊条件下发生膨大使直根分叉成两条甚至三四条畸形根的现象。

萝卜分叉

萝卜弯曲

病　　因

（1）土壤。土壤中若混有石块、砖瓦等硬物或塑料薄膜、玻璃等垃圾，肉质根在伸长过程中主根碰到这些异物伸长受阻，从而引起侧根的膨大，形成分叉或弯曲。

萝卜主根膨大要求土壤通气性好、含氧量高，肉质根膨大后期如土壤通气条件良好，侧根不膨大形成胡须根；相反，如果土壤板结、耕作层太浅、土壤质地黏重等条件下肉质根向下生长受阻而产生弯曲或畸形。一般情况下，长形品种比短形品种产生歧根的概率要大些；稀植比密植容易发生分叉和弯曲。

（2）施肥。萝卜地里施用大量未腐熟的堆肥、牲畜粪尿等有机肥或追施尿素、碳酸氢铵等化肥的浓度过高时，萝卜直根尖端遇到正在发酵的堆肥、高浓度牲畜粪尿或化肥往往会枯死、折断或生长受到抑制。这种情况下发生侧根膨大形成叉根或弯曲根。另外，肉质根膨大期追施氮素化肥过多造成叶丛繁茂也容易使侧根膨大或主根弯曲形成歧根、裂根。

（3）地下害虫。地下害虫，如蝼蛄、蛴螬等咬断直根后也会引起分叉。

（4）种子。采用贮藏四五年的陈种子或移栽后主根受损也会使肉质根分叉。

防治方法 在生产中要加强田间管理，避免施用没有充分腐熟的有机肥和浓度过大的肥料，土壤要深翻，对含有较多石块、瓦砾土壤要进行清理后才能种植萝卜。除特殊情况外，一律用新种子作为栽培用种。注意防治地下害虫。

萝卜肉质根开裂

症　　状 肉质根开裂有纵裂和横裂，还有根头部的放射状开裂。开裂后往往引起肉质根木质化，并在开裂处产生周皮层。

萝卜根开裂

病　　因 开裂主要是由供水不均匀引起的，特别是肉质根形成初期，土壤干旱，肉质根生长不良，组织老化，质地较硬。生长后期营养和供水条件好时，木质部细胞迅速膨大，使根部内部的压力增大，而皮层及韧皮部不能相应地生长而产生裂根现象。有时初期供水多，随后遇到干旱，以后又遇到多湿的环境也会引起开裂。

防治方法 防止裂根现象的有效措施就是要在肉质根形成期间均匀供水，在萝卜生长前期遇到干旱时要及时灌水，中后期肉质根迅速膨大时则要均匀供水，防止先旱后涝。

萝卜未熟抽薹

症　　状 萝卜未熟抽薹是指在栽培过程中，肉质根未充分膨大而抽薹开花的现象。

病　　因 萝卜属于种子春化型作物，萝卜肉质根在尚未膨大前，如果遇到了低温和长日照条件，满足了阶段发育的需要，就会发生未熟抽薹的现象。抽薹以后，营养物质供应抽薹开花，肉质根由致密状态变成疏松状态，降低或失去食用价值。萝卜抽薹决定于品种特性和外界条件，在春季反季节栽培中比较常见。

萝卜未熟抽薹

（1）品种。由于我国地域辽阔，各地区地理、气候差异悬殊，形成了许多不同生态类型的萝卜品种群。在我国南方亚热带和热带地区及长江流域种植的萝卜品种，可以在较高的温度下通过春化阶段；而在我国华北、西北等广大北方地区种植的萝卜品种通过春化阶段低温条件要求严格，适应范围广，品质优良，但耐热性差。如果将南方的弱冬性系萝卜引入北方地区种植，极易引起先期抽薹或生长不良。

（2）栽培季节不当。在我国北部高纬度地区及西部高原地区，因温度低、日照长，秋萝卜如果播种过早，很容易引起先期抽薹。在我国多数地区，春萝卜如果播种偏早或遇上倒春寒年份，先期抽薹现象更为普遍。

（3）种子。3年以上的陈种子，如贮藏保管不当，易引起先期抽薹。

防治方法

（1）选择合适的品种。优良品种往往只能适应某些特定的栽培地区以及某种特定的栽培季节和栽培技术。因此，要根据当地气候特点选用品种。早春栽培要选用冬性强、不易抽薹、耐寒、生长期短的春萝卜品种。引种时要避免北方引用南方品种，同纬度高原区引用平原区同季节栽培的品种。

（2）使用1～2年的新种子，避免使用3年以上的陈种子。在制种过程中，要禁止连年用小株采种法制种，避免种性退化，引起先期抽薹。

（3）适期播种。不可过早播种，春季保护地栽培加强棚内温度管理，不可使温度过低而引起春化。

第三部分　虫害

一、地上害虫

蚜虫

学　　名　为害马铃薯的蚜虫主要为桃蚜*Myzus persicae*（Sulzer）。为害胡萝卜的蚜虫主要有微管蚜*Semiaphisheraclei*（Takahashi）。为害萝卜的蚜虫主要有萝卜蚜*Lipaphis erysimi*（Kaltenbach）、桃蚜*Myzus persicae*（Sulzer）和甘蓝蚜*Brevicoryne brassicae* (linnaeus)。

蚜虫为害马铃薯叶片

为害胡萝卜蚜虫

上述蚜虫同属同翅目蚜科。别名烟蚜、桃赤蚜、菜蚜、腻虫。

寄　主　甘蓝、花椰菜、青花菜、紫甘蓝、芥蓝、樱桃萝卜、白菜、萝卜、根芥菜等十字花科蔬菜，以及番茄、茄子、辣椒、菜薹、茼蒿等。微管蚜寄主主要有胡萝卜、芹菜、水芹、忍冬、白芷、当归、防风等作物。

为害特点　蚜虫为害马铃薯、胡萝卜和萝卜。萝卜蚜和甘蓝蚜都是以十字花科蔬菜为主的寡食性害虫，前者喜食叶面毛多而蜡质少的蔬菜，如萝卜、白菜等；后者偏嗜叶面光滑蜡质较多的蔬菜，如甘蓝、花椰菜等。桃蚜是多食性害虫，除为害十字花科蔬菜外，还可以为害茄子、马铃薯、菠菜等。在果树中主要为害桃、李、杏等蔷薇科果树。

蚜虫主要为害植株的嫩茎、嫩叶和花。成虫和若虫刺吸吸食叶片的汁液，造成的直接伤害是吸食时分泌毒素，致使幼叶向下卷缩变形，植株生长不良；间接为害则是传播病毒，当它们吸食有病植株汁液后再飞到健康植株上取食，只要几分钟即可将病毒传到植株组织中。由于蚜虫排泄蜜露，常导致煤污病，轻者植株不能正常生长，重者死亡。严重为害可使作物心叶停止生长，并传播胡萝卜黄化病毒病。

形态特征

（1）桃蚜：无翅孤雌蚜体长约2.6毫米，宽1.1毫米，体色有黄绿色和红褐色两类体色。额瘤显著，中额瘤微隆。触角6节，长2.1毫米，体较短，各节有瓦纹，第3、4节无感圈，第5、6节各1个感圈。腹管长筒形，淡褐色，向端部渐细。尾片圆锥形，绿、淡红或黑褐色，尾片两侧各有3根长毛。有翅孤雌蚜体长2毫米，体色深绿、灰黄、暗红或红褐。头胸部黑色。卵椭圆形，长0.5～0.7毫米，初为橙黄色，后变成漆黑色而有光泽。

（2）微管蚜：有翅蚜体长1.6毫米，虫体黄绿色，被有白粉。触角第三节很长，腹管短、弯曲，尾片圆锥形，有毛6～8根。无翅蚜体长2.1毫米，黄绿色，被薄粉，触角上有瓦纹，各节有短毛，腹管短而弯曲。尾片圆锥形，有微刺状瓦纹，上有细长曲毛6～7 根。

（3）萝卜蚜：有翅胎生雌蚜，头、胸黑色，腹部绿色。第6腹节各有独立缘斑，腹管前后斑愈合，第1节背中有窄横带，第5节有小型中斑，第6～8节各有横带，第6节横带不规则。触角第3～5节依次有圆形次生感觉圈21～29，7～14，0～4个。无翅胎生雌蚜，体长2.3毫米，宽1.3毫米，绿色或黑绿色，体表被一层白色薄粉。表皮粗糙，有菱形网纹。腹管长筒形，顶端收缩，长度为尾片的1.7倍。尾片有长毛4～6根。

（4）甘蓝蚜：有翅胎生雌蚜体长约2.2毫米，头、胸部黑色，复眼赤褐色。腹部黄绿色，有数条不很明显的暗绿色横带，两侧各有5个黑点，全身覆有明显的白色蜡粉。无额瘤。触角第3节有37～49个不规则排列的感觉光圈。腹管很短，远比触角第5节短，中部稍膨大。无翅胎生雌蚜体长2.2毫米左右，全身暗绿色，被有较厚的白蜡粉，复眼黑色，触角只有第5、6节各有一个感觉光圈，无额瘤，腹管短于尾片，尾片近似等边三角形，两侧各有2～3根长毛。

生活习性

（1）桃蚜：分无翅孤雌蚜和有翅孤雌蚜。华北地区年发生10余代，南方可多达30～40代，世代重叠很严重。以无翅胎生雌蚜在风障菠菜、窖藏白菜上或温室内越冬，或在菜心里产卵越冬。终年可在加温温室内蔬菜上胎生繁殖，不越冬。翌年春季4月下旬产生有翅蚜，迁飞至已定植的甘蓝、花椰菜上继续胎生繁殖，至10月下旬进入越冬。靠近桃树的，可产生有翅蚜飞回桃树交配产卵越冬。桃蚜的发育起点温度为4.3 ℃，有效积温为137 ℃ · 日。在9.9 ℃下发育历期24.5天，25 ℃为8天。发育最适温为24 ℃，高于28 ℃则不利。北方地区多在春秋两季呈两个发生高峰。桃蚜对黄色、橙色有强烈的趋性，而对银灰色有负趋性。

（2）微管蚜：该虫1年发生20 余代，终年发生，秋季种群数量较多。

（3）萝卜蚜：在我国北方地区年发生10余代，在南方达数十代，广西一年发生25～30代。在温暖地区或温室中，终年以无翅胎生雌蚜繁殖，无显著越冬现象；在长江以北地区，在蔬菜上产卵越冬。翌春3～4月孵化为干母，在越冬寄主上繁殖几代后，产生有翅蚜，向其他蔬菜上转移，扩大为害，无转换寄主的习性。到晚秋，部分产生性蚜，交配产卵越冬。萝卜蚜的适温比桃蚜稍广些，在较低温的情况下，萝卜蚜发育快（9.3 ℃时发育成熟需17.5天，而桃蚜在9.9 ℃需24.5天）。全年以秋季在白菜、萝卜上的发生最为严重。

（4）甘蓝蚜：在北京、河北、山东、山西、内蒙古等地年发生10余代，以卵在蔬菜上越冬。翌春4月孵化，先在越冬寄主嫩芽上胎生繁殖，而后产生有翅蚜迁飞至已经定植的甘蓝、花椰菜苗上，继续胎生繁殖为害，以春末夏初及秋季最重。10月初产生性蚜，交尾产卵于留种或贮藏的菜株上越冬。少数成蚜和若蚜也可在菜窖中越冬。甘蓝蚜的发育起点温度为4.3 ℃，有效积温为112.6 ℃ · 日。繁殖的适温为16～17 ℃，低于14 ℃或大于18 ℃，产卵数均趋于减少。此外，对寄主的选择上，偏嗜叶面光滑无毛的甘蓝、花椰菜类，所以在北方春、秋形成两次发生高峰。

防治方法 及时对每年的蚜虫发生进行预测预报，事先切实做好预防工作。策略上要将蚜虫控制在毒源植物上，消灭在迁飞前，即在蚜虫产生有翅之前防治。

（1）农业防治。选用抗病虫品种。大面积种植的萝卜田应尽量选择远离十字花科蔬菜田、留种田及桃、李等果园，以减少蚜虫的迁入。作物收获后，及时处理残株败叶，将枯株深埋或烧毁，清洁田园，减少虫源。

（2）物理防治。一是银灰膜驱蚜，畦面覆盖银灰膜驱蚜或设施内挂银灰色地膜条避蚜。二是黄板诱蚜，可购买黄板或自制黄板诱蚜。自制可用60厘米×40厘米或1米×0.2米长方形纸板，涂上黄色油漆，再涂一层机油。将黄板挂在行间或株间，与植株高度相同或高些，放置多块。当黄板粘满蚜虫时，再更换。

（3）化学防治。蚜虫多在心叶及叶背皱缩处为害，所以喷药要周到细致，特别注意心叶和叶背面，应尽量选择兼有触杀、内吸、熏蒸三重作用的农药。常用的药剂有

70%吡虫啉水分散粒剂10 000～15 000倍液，或20%吡虫啉浓可溶剂5 000倍液，或10%吡虫啉可湿性粉剂1 500～2 000倍液，或25%噻虫嗪水分散粒剂6 000～7 000倍液，或3.5%氟腈溴乳油1 000倍液，或25%吡辛乳油1 500倍液，或2.5%高渗吡虫啉乳油1 200倍液。也可用50%抗蚜威2 000～3 000倍液，或40%氰戊菊酯6 000倍液，或20%氰戊菊酯乳油3 000～4 000倍液，或25%溴氰菊酯3 000倍液，或40%乐果乳油1 000倍液，或40%菊 · 马乳油2 000倍液，或3%啶虫脒乳油2 000倍液，或25%阿克泰水分散粒剂5 000～10 000倍液，或20%杀灭菊酯3 000倍液喷雾防治。每7～10天喷1次，连续喷数次。

（4）生物防治。可利用蚜虫的天敌七星瓢虫、异色瓢虫、草蛉、食蚜蝇、食蚜蛤、食蚜瘿蚊或毒力虫霉菌、烟蚜茧蜂。也可喷洒1.1%百部 · 楝 · 烟乳油1 000倍液、1%苦参碱水剂1 000倍液或抗生素类农药虫螨立克3 000倍液防治蚜虫。

菜粉蝶

学　　名　*Pieris rapae* Linnaeus，鳞翅目，粉蝶科。别名菜白蝶、白粉蝶。幼虫称菜青虫。

寄　　主　甘蓝、花椰菜、白菜、萝卜、紫甘蓝、青花菜、球茎甘蓝、菜薹、乌塌菜、芥蓝、叶芥菜、根用芥菜、辣根、油菜等十字花科及大葱等蔬菜。

菜粉蝶

为害特点　菜粉蝶主要为害马铃薯、胡萝卜、萝卜。幼虫食叶，2龄前只啃食叶肉，留下一层透明的表皮，3龄后可蚕食整个叶片，受害叶片轻者虫口累累，重者仅剩叶脉，严重影响植株生长发育和包心，造成减产。虫口密度高时幼虫啃食花蕾，造成菜株或花球腐烂，同时排出大量虫粪污染叶面，并引起腐烂，降低产品价值。

形态特征 成虫体长12～22毫米，翅展45～55毫米，体灰黑色，翅白色，顶角灰黑色，雌蝶前翅有2个明显黑色圆斑，雄蝶仅有一个明显黑斑。卵为弹头状，高约1毫米，宽约0.4毫米，表面具纵脊和横格，初产时乳白色，后为橘黄色。幼虫体长15～20毫米，青绿色，背线淡黄色，腹面绿白色，体表密布细小黑色毛瘤，沿气门线有黄斑。蛹纺锤形，长18～21毫米，中间膨大并具有棱角状突起，绿色至棕褐色。

生活习性 菜粉蝶在我国由北往南年发生3～9代，全国各地均可发生，各地发生代数、历期不同，华北地区年发生4～5代，华中5～8代，华南8～9代。各地多以蛹越冬，在菜地附近的墙壁屋檐下或篱笆、树干、杂草残株等处均可发现越冬蛹，一般在背阳的一面。翌年春4月初开始陆续羽化，边吸食花蜜边产卵，以晴暖的中午活动最盛。卵散产，多产于叶背，平均每雌产卵120粒左右。卵的发育起点温度8.4 ℃，有效积温56.4 ℃ · 日，发育历期4～8天。幼虫的发育起点温度6 ℃，有效积温217 ℃ · 日，发育历期11～22天。幼虫孵出以后即在叶片上取食生活，老熟后倒挂在叶反面化蛹。蛹的发育起点温度7 ℃，有效积温150.1 ℃ · 日，发育历期（越冬蛹除外）5～16天。成虫寿命5天左右。菜青虫发育的最适温度为20～25 ℃，相对湿度76%左右。不仅由于取食叶片而造成直接为害，而且其粪便常污染叶片，造成的伤口会引起软腐病流行。北方春季4～6月、秋季8～10月是菜青虫的两个发生高峰，夏季为发生低潮。各地因气候差异，重点为害期很不一致，常在十字花科蔬菜生产的旺盛季节严重为害，且世代重叠严重。

防治方法 应采取以生物防治为主，化学防治为辅，农业防治兼顾的综合防治措施。

（1）农业防治。提倡采用防虫网。蔬菜品种合理布局，避免十字花科蔬菜连作。秋季收获后及时清除田间杂草、残株败叶，杀灭虫蛹，尽可能减少越冬虫源。成虫盛发期在清晨露水未干时人工捕捉，或在成虫活动时进行网捕。

（2）生物防治。利用菜粉蝶的天敌凤蝶金小蜂、微红绒茧蜂、广赤眼蜂、澳洲赤眼蜂等防治。可以喷洒1%苦参碱醇溶液800倍液，或3.2%苏云金杆菌（BT）可湿性粉剂800倍液，或0.2%苦皮藤素乳油1 000倍液，或5%黎芦碱醇溶液800倍液，或2.5%鱼藤酮乳油100倍液。也可喷洒青虫菌6号悬浮剂800倍液，或0.5%楝素杀虫乳油800倍液。施生物农药时间应在为害高峰前2～3天，避开强光照、低温和暴雨。还可采用昆虫生长调节剂，如用20%灭幼脲1号或25%灭幼脲3号悬浮剂600～1 000倍液喷雾，这类药作用缓慢，通常在虫龄变更时才使害虫死亡，所以要提前几天喷施，药效可持续15天左右。

（3）化学防治。用过磷酸钙和石灰水避卵防治菜青虫。用1%～3%的石灰水或过磷酸钙溶液喷雾，1周内可避卵52%以上，第5天效果可达84%。菜青虫应在3龄前进行防治，用5%氯虫苯甲酰胺（杜邦普尊）1 000倍液，或50%辛硫磷乳油1 000倍液，或21%吞灭杀毙乳油6 000倍液，或2.5%高效氯氟氰菊酯乳油5 000倍液，或2.5%联苯菊酯乳油3 000倍液喷雾，7～10天喷1次，连喷2～3次。防治菜粉蝶可选用5%氟虫腈悬浮剂1 500倍液，或15%茚虫威悬浮剂3 000倍液，或1.8%阿维菌素乳油4 000～5 000倍液，或20%抑食肼可湿性粉剂1 000倍液，或10%氯氰菊酯乳油2 000倍液，或52.25%毒死蜱·氯氰菊酯乳油2 000倍液，或2.5%多杀菌素悬浮剂1 500倍液，或1%阿维菌素乳油2 000～3 000倍液。可在药液中混加洗衣粉300倍液以增加药液的附着。收获前1周停止用药。

白粉虱

学　　名　*Trialeurodes vaporariorum* (Westwood)，同翅目粉虱科。

寄　　主　茄果类、芹菜、黄瓜、菜豆等各种蔬菜。

为害特点　白粉虱主要为害马铃薯。成虫和若虫吸食植物汁液，被害叶片退绿、变黄、萎蔫，甚至全株枯死。在叶背产卵繁殖。因其种群数量庞大，群聚为害，并分泌大量蜜液，严重污染叶片。

白粉虱为害马铃薯叶片

形态特征 成虫体长1～1.5毫米，淡黄色，翅面覆盖白蜡粉，停息时双翅在体上合成屋脊状，翅端半圆状遮住整个腹部，翅脉简单，沿着翅外缘有一排小颗粒。卵长约0.2毫米，侧面看为长椭圆体，基部有卵柄，从叶背的气孔插入植物组织中。卵初产呈淡绿色，覆有蜡粉，而后渐渐变褐色，孵化前呈黑色。若虫1～3龄为长椭圆体，体长为0.29～0.51毫米。3龄时呈淡绿色或黄绿色，足和触角退化，紧贴于叶片背面生活。4龄若虫又称伪蛹，体长0.7～0.8毫米，椭圆体，初期体扁平，逐渐加厚呈蛋糕状，中央略高，初呈乳黄色，之后逐渐变黑。蛹壳椭圆体，漆黑有光泽，边锯齿状，周缘有白蜡边，背面显著隆起，胸部有9对长刺，腹部有10对长刺，两侧边缘雌虫有11对长刺，雄虫有10对。

生活习性 若虫在叶背越冬。越冬若虫3月间化蛹，3月下旬至4月羽化。世代不整齐，3月中旬至11月下旬均可见。成虫喜欢较阴暗的环境，多在内膛枝叶上活动，卵散产于叶背，散生或密集呈圆弧形，数粒至数十粒一起。成虫寿命6～7天。白粉虱对黄色有强烈趋性，不善飞翔，向外扩散迁移慢，在田间多先点片发生，后逐渐蔓延扩散。成虫喜欢群集在茄果类等多种蔬菜植株上部嫩叶背面，把卵产在上面，随着植株生长成虫向上部转移，成虫和初产的卵在上层嫩叶上多，稍下部叶片多为变褐色的卵，再下部多为初龄若虫和中老龄若虫及蛹。

防治方法

（1）加强管理。通风透光要好，可使用黄板诱杀成虫。

（2）化学防治。1～2龄时施药效果好，可喷洒70%吡虫啉水分散粒剂10 000倍液，或5%天然除虫菊素乳油1 000倍液，或10%联苯菊酯乳油5 000～6 000倍液，或20%吡虫啉浓可溶剂3 000～4 000倍液，或1.8%阿维菌素乳油4 000～5 000倍液，或5%氟虫腈悬浮剂1 500倍液，或25%噻嗪酮可湿性粉剂1 500倍液。3龄及以后各虫态的防治，最好用含油量0.4%～0.5%的矿物油乳剂混用上述药剂，可提高杀虫效果。

茶黄螨

学　　名　*Polyphagotarsonemus latus* (Banks)，蜱螨目跗线螨科。别名侧多食跗线螨、黄茶螨、茶半跗线螨、茶嫩叶螨。

茶黄螨1

茶黄螨2

寄　　主　马铃薯、黄瓜、番茄、茄子、辣椒、甜椒、茼蒿、蕹菜、苋菜、芥蓝、西芹、樱桃、萝卜、白菜、豇豆、菜豆等。

为害特点　茶黄螨主要为害马铃薯。集中在植株幼嫩部位刺吸为害。受害叶片背面呈灰褐色或黄褐色，具油质光泽或油浸状，叶片边缘向下卷曲。

形态特征　雌螨长约0.21毫米，椭圆体，较宽阔，腹部末端平截，淡黄色至橙黄色，表皮薄而透明。体背部有条纵向白带。足较短。腹面后足体部有4对刚毛。假气门器官向后端扩展。雄螨长约0.19毫米，前足体有3～4对刚毛。腹面后足体有4对刚毛，足较长而粗壮，第3、4对足的基节相接。卵椭圆体，无色透明，表明有纵列瘤状突起。幼螨体背有一白色纵带，足3对，腹部末端有1对刚毛。若螨长椭圆体，外面为幼螨的表皮。

生活习性 分布于全国各地，华北、长江以南受害严重。在热带及温室条件下，全年都可发生，但冬季繁殖力低。河南地区9～10月发生重。茶黄螨繁殖最适温为16～23 ℃，相对湿度为80%～90%。世代发育历期在28～30 ℃时4～5天，18～20 ℃时为7～10天。成螨有强烈的趋嫩性。卵和幼螨对湿度要求高，在相对湿度80%以上时才能发育，因此温暖多湿的环境有利于茶黄螨的发生。

防治方法 茶黄螨要早防。可选用0.3%印楝素乳油800倍液，或1%苦参碱2号可溶性液剂1 200倍液，或22%毒死蜱·吡虫啉乳油2 500倍液，或25%吡辛乳油1 500倍液，或20%哒·螨醇可湿性粉剂1 500倍液，或1.8%阿维菌素乳油3 000～4 000倍液，或2.5%联苯菊酯乳油1 500倍液，或3.3%阿维联苯菊酯乳油850倍液，或73%炔螨特乳油2 000倍液，或25%灭螨猛可湿性粉剂1 000倍液，或21%增效氰·马乳油2 000倍液等防治。喷药重点部位是嫩叶背面。

马铃薯瓢虫

学　　名 *Epilachna vigintioctomaculata* Motschulsky，鞘翅目瓢虫科，别名二十八星瓢虫。

寄　　主 马铃薯、茄子、辣椒、菜用大豆、豆类、瓜类、玉米、白菜等。

为害特点 马铃薯瓢虫主要为害马铃薯。成虫、若虫取食叶片和嫩茎，叶片仅留下叶脉和上表皮，形成许多不规则透明的凹纹，后变为褐色斑痕，过多会导致叶片枯萎。

形态特征 成虫体长7～8毫米，半球形，赤褐色，密被黄褐色细毛。前胸背板前缘凹陷、前缘角突出，中央有一较大的剑状斑纹，两侧各有2个黑色小斑或合成1个。两个鞘翅上各有14个黑斑，鞘翅基部3个黑斑后方的4个黑斑不在一条直线上，两个鞘翅合缝处有1～2对黑斑相连。卵长1.4毫米，纵立，鲜黄色，有纵纹。幼虫体长约9毫米，淡黄褐色，长椭圆体，背面隆起，各节有黑色枝刺。蛹长约6毫米，椭圆体，淡黄色，背面有稀疏细毛及黑色斑纹。尾端包着末龄幼虫的蜕皮。

为害马铃薯1

为害马铃薯2

生活习性　在华北1年2代，武汉4代，以成虫群集越冬。一般在5月开始为害。6月上中旬为产卵盛期，6月下旬至7月上旬为第1代幼虫为害期，7月中下旬为化蛹盛期，7月底8月初为第1代成虫羽化盛期，8月中旬为第2代幼虫为害盛期，8月下旬开始化蛹，羽化的成虫从9月中旬开始寻找越冬场所，10月上旬开始越冬。成虫以上午10时至下午4时最为活跃，中午前多在叶背取食，4时后转向叶面取食。成虫、幼虫都有残食同种卵的习性，假死性强，并可分泌黄色黏液。越冬成虫多产卵在马铃薯苗基部叶背，幼虫夜间孵化，共4龄，2龄后分散为害。幼虫老熟后多在植株基部茎上或叶背化蛹。

防治方法

（1）人工捕捉。利用成虫假死习性，用盆敲打植株使成虫坠落，收集灭之。人工摘除颜色鲜艳的成群卵块。

（2）用苏云金杆菌“7216”防治。“7216”菌剂原粉含孢子100亿/克，每亩用10千克，于马铃薯瓢虫大发生之前喷洒到有露水的植株上，或喷洒2.5%鱼藤酮乳油1 000倍液。

（3）化学防治。利用幼虫分散前的有利时机，用21%增效氰·马乳油6 000倍液，或25%噻虫嗪水分散粒剂4 000倍液，或2.5%溴氰菊酯3 000倍液，或50%辛硫磷乳剂1 000倍液，或2.5%高效氯氟氰菊酯乳油4 000倍液喷雾防治。

马铃薯块茎蛾

学　　名　*Phthorimaea operculella* (Zeller)，鳞翅目麦蛾科。别名马铃薯麦蛾、番茄潜叶蛾、烟潜叶蛾。

寄　　主　马铃薯、茄子、番茄、辣椒等茄科蔬菜和烟草等。

为害特点　马铃薯块茎蛾主要为害马铃薯。幼虫潜入叶内，沿着叶脉蛀食叶肉，余留的上下表皮为半透明状。严重时嫩茎、叶芽也会被害枯死，幼苗可全株死亡。田间或贮藏时幼虫可钻蛀马铃薯块茎，将块茎蛀成蜂窝状甚至全部蛀空，使外表皱缩，并引起腐烂。

形态特征　成虫体长5～6毫米，翅展13～15毫米，灰褐色前翅狭长，中央有4～5个褐斑，缘毛较长，后翅烟灰色，缘毛很长。卵约0.5毫米，椭圆体，黄白色至黑褐色，带紫色光泽。末龄幼虫体长11～15毫米，灰白色，老熟时背面呈粉红色或棕黄色。蛹长5～7毫米，初期为淡绿色，末期为黑褐色。茧灰白色，外面黏附泥土或黄色排泄物。

生活习性　在我国西南各省发生重。每年发生6～9代，以幼虫或蛹在枯叶或贮藏的块茎内越冬。田间5月和11月受害重，室内贮藏块茎7～9月受害重。卵产于叶脉处和茎基部，块茎上多在芽眼、破皮、裂缝等处。幼虫孵化后四处爬，吐丝下垂，随风飘落在邻近植株叶片上潜入为害，块茎上从芽眼蛀入。成虫夜晚出入，有趋光性。

防治方法

（1）药剂处理种薯。用二硫化碳熏蒸，或90%晶体敌百虫喷种薯，晾干后再贮藏。

（2）及时田间培土。培土不要让块茎露出表土，以免被成虫产卵。

（3）化学防治。在成虫盛发期喷洒10%氯氰菊酯乳油2 000倍液。

红蜘蛛

学　　名　*Tetranychus cinnbarinus*，学名红叶螨，又名棉红蜘蛛、俗称大蜘蛛、大龙、砂龙等。我国的种类以朱砂叶螨为主。属蛛形纲，蜱螨目，叶螨科。分布广泛，食性杂，可为害110多种植物。

红蜘蛛1

红蜘蛛2

寄　　主　豆类、瓜类、茄果类蔬菜。

为害特点　红蜘蛛主要为害胡萝卜。主要在胡萝卜结籽时发生，以成、若、幼螨在叶背吸食作物汁液，并结成丝网，将叶子和花盘蒙盖，使结果期缩短，产量降低。为害初期叶面出现零星退绿斑点，严重时白色小点布满叶片，使叶面变为灰白色，最后造成叶片干枯脱落，植株衰败。

形态特征 雌成螨呈椭圆体，体长仅0.5毫米左右，褐色带微红色。雄成螨身体形状接近菱形，较雌虫小，卵球形，顶端凹陷，暗红色，夏卵乳黄色，卵顶有一根白色丝毛。由冬卵孵出的幼螨红色，由夏卵孵出的乳白色，取食后渐变为褐色或绿褐色，足3对。若螨体绿褐色，似成螨，足4对。雌成螨深红色，体两侧有黑斑，椭圆体。越冬卵红色，非越冬卵淡黄色较少。越冬代幼螨红色，非越冬代幼螨黄色。

生活习性 红蜘蛛的生长发育和繁殖的最适温度为29～31 ℃，相对湿度为33%～55%。高温低湿有利于其发生。红蜘蛛对含氮高的植株有趋向性。

防治方法

(1)农业防治。清除棚边杂草及棚内枯枝落叶，耕翻土地，消灭越冬虫源。合理灌溉，增施含磷高的有机肥，少施含氮有机肥，使植株健壮生长，提高抗红蜘蛛的能力。

(2) 生物防治。用浓度为0.36%的苦参水剂或鱼藤酮喷雾，也可用大蒜汁兑水1 000倍或2杯精白粉加50升水混合制成药剂喷雾。

(3) 化学防治。在红蜘蛛发生期可以采用20%甲氰菊酯（灭扫利）乳油2 000倍液，或20%哒螨灵（速螨酮、哒螨净、牵牛星、苏螨酮）可湿性粉剂2 000倍液，或20%双甲脒（螨克）乳油2 000倍液，或3%啶虫脒乳油（每亩用量15～20毫升），或45%硫胶悬剂300倍液，或20%哒嗪硫磷乳油1 000倍液，或5%噻螨酮（尼索朗、除螨威）乳油2 000倍液，或2.5%联苯菊酯（天王星、虫螨灵、氟氯菊酯）乳油3 000倍液，或21%杀灭毙（增效氰・马乳油）3 000～4 000倍液，或20%氯・马乳油3 000倍液喷雾，或25%氰・辛乳油（每亩用量30毫升），或48%毒死蜱乳油（每亩用量100毫升）与1.8%阿维菌素（每亩用量20毫升）混用。

甜菜夜蛾

学　　名 *Spodoptera* Exigua Hübner，又名贪夜蛾，玉米夜蛾，俗称白菜褐夜蛾，

属鳞翅目，夜蛾科。为世界性、多食性、暴发性害虫。据资料记载，现在发生范围已普及全国20余个省、市、自治区。

甜菜夜蛾

寄　　主　甜菜夜蛾是一种食性很杂的害虫，严重为害大葱、甘蓝、大白菜、芹菜、菜花、胡萝卜、芦笋、蕹菜、苋菜、辣椒、豇豆、花椰菜、茄子、芥兰、番茄、菜心、小白菜、青花菜、菠菜、萝卜、棉花、甜菜、花生、玉米、高粱、香叶、茶树、大豆、绿豆、红小豆、甘薯等，寄主可达 171种之多。其中萝卜、白菜、菠菜、玉米是受害最严重的作物。

为害特点　甜菜夜蛾主要为害萝卜、胡萝卜。甜菜夜蛾以幼虫为害，幼虫极活跃，反应敏捷，一触即惊，吐丝下垂或缩成一团滚落地面，有假死性。初孵幼虫群集叶背，低龄幼虫常常在心叶中吐丝结网为害，剥食叶片，仅留下表皮，叶片形成透明小斑。3龄后可将叶片吃成孔洞或缺刻，严重时仅余叶脉和叶柄。当萝卜的苗期受到大幼虫为害时，可造成大批幼苗死亡，形成严重的缺苗，甚至毁种。

形态特征　成虫体长8～10毫米，翅展19～25毫米，灰褐色，头、胸有黑点。卵圆球状，白色，成块产于叶面或叶背，8～100粒不等，排为1～3层，外面覆有雌蛾脱落的白色绒毛，不能直接看到卵粒。幼虫尤其是高龄幼虫与其他食叶种类幼虫形态很相似，它们的体色常有变化，多数是绿色，但少数为黄褐色甚至黑褐色，身上的体线有的个体明显，有的不明显。老熟幼虫有两个很重要的识别特征，一是在身体气门下方具有1条黄白色的气门下线，二是在每节气门的后上方各有1个醒目的小白点，体色越深，白点越明显。幼虫老熟以后便入土化蛹，它们的蛹在末端有2根平行生长的刚毛，在这2根刚毛后方各有1个很短的小刚毛。

生活习性 自北纬48°～57°至南纬35°～40°之间均有分布。此虫原在我国为害不重，近年来有逐渐发展成为重要害虫的趋势。在河北、河南、山东、陕西等省的局部，其中尤以江淮和黄淮地区发生严重。甜菜夜蛾在北京、陕西年发生4～5代，山东5代，湖北5～6代，江西6～7代，世代重叠。华北地区1年可发生5代，均以蛹在地下土中越冬，在这5代中各代均可能为害十字花科蔬菜，但常常在夏秋季节为害较重，尤其对伏白菜和秋菜为害严重。成虫白天潜藏，傍晚开始活动，夜间出来取食和产卵，卵多产在叶片上，也有的产在杂草上，1个卵块上往往有几十粒卵，1头雌虫一生可产卵100～600粒，多的可达1 700粒。小幼虫孵出以后，一开始群聚生活，为害场所也在卵的周围，3龄以后开始四散为害。亚热带和热带地区可周年发生，无越冬休眠现象。

防治方法

（1）农业防治。做好清洁田园和夏秋冬季及时翻耕工作，铲除杂草（甜菜夜蛾喜产卵于10厘米以上的杂草上），可消灭幼虫和蛹，并能恶化其取食和栖息场所。卵块多产在叶背，其上有松软绒毛覆盖，易于发现，且1龄、2龄幼虫集中在产卵叶或其附近叶片上，结合田间操作摘除卵块，捕杀低龄幼虫。由于大龄幼虫有白天潜入土中及老熟幼虫入土化蛹的习性，应保持田间土壤湿润，创造不适于其生活的环境。

（2）物理防治。甜菜夜蛾成虫具有趋光性，可利用黑光灯电网杀虫灯和高压汞灯诱杀成虫。

（3）生物防治。主要有Bt制剂如HD－1、7216、8010等，病毒制剂如多核蛋白壳核型多角体病毒（SeMNPV）和颗粒体病毒，线虫制剂，昆虫生长调节剂如5%杀死克乳油，抗生素类制剂主要有 20%绿宝素乳油和1%阿维菌素等。

（4）化学防治。发现幼虫时，立即喷药防治，药剂要喷到叶背面及下部叶片。常用药剂有90%晶体敌百虫1 000倍液，20%杀灭菊酯乳油2 000倍液，50%辛硫磷乳油1 000倍液加90%晶体敌百虫1 500倍液，75%除虫脲（灭幼脲）、氟铃脲（抑制蜕皮杀虫剂）

1 000倍液，5%氟啶脲（抑太保）乳油3 500倍液，10%虫螨腈（除尽）胶悬剂3 000倍液，44%速凯乳油1 500倍液，50%定醚脲（宝路）可湿性粉剂2 000倍液，20%米满胶悬剂2 000倍液。

猿叶虫类（小猿叶虫、大猿叶虫）

猿叶虫有大猿叶虫和小猿叶虫两种。在国内除新疆、西藏外，各省区均有分布。在我国南方，两种猿叶虫为害都严重，常混合发生。在北方以大猿叶虫发生较多。

小猿叶虫

1.小猿叶虫

学　　名　*Phaedon brassicae* Baly，鞘翅目叶甲科。别名猿叶甲、白菜猿叶甲、乌壳虫。异名*Phaedon incertum* Blay。

寄　　主　白菜、萝卜、芥菜、花椰菜、莴苣、胡萝卜、洋葱、葱等。

2.大猿叶虫

学　　名　*Colaphellus bowringi* Baly，鞘翅目叶甲科。别名呵罗虫、大猿叶甲、乌壳虫、白菜掌叶甲、弯腰虫。

寄　　主　十字花科、油菜、甜菜等。

为害特点　猿叶虫类为害胡萝卜和萝卜。以成虫和幼虫在叶背或心叶内取食叶片呈缺刻或孔洞。严重的成网状，仅留叶脉，造成减产。成虫常群聚为害。

形态特征

（1）小猿叶虫：成虫体长3.4毫米，宽2.1～2.8毫米。卵球形，背面蓝色，带绿色光泽。腹面黑色，腹部末节端缘棕色。触角基部2节的顶端带棕色。头小，深嵌入前胸，刻点相当深密。触角向后伸展达鞘翅基部，第2节与第4节等长，短于第3节，端部5节明显加粗。鞘翅刻点排列规则，每翅8行半，肩瘤外侧还有一行相当稀疏的刻点。后翅退化，不能飞行。卵为长椭圆体，但一段较钝，（1.2～1.8）毫米×（0.46～0.54）毫米。初产时为鲜黄色，渐变暗黄色。末龄幼虫体长6.8～7.4毫米，灰黑色而带黄，各节有黑色肉瘤8个，在腹部每侧呈4个纵行。蛹长3.4～3.8毫米，近半球形，黄色。腹部各节末有成丛的毛，腹部末端也没有叉状突起。

（2）大猿叶虫：成虫体长4.7～5.2毫米，宽约2.5毫米，长椭圆体，末端略尖，蓝黑色，略具金属光泽。体腹面沥青色，跗节稍带棕色。头部刻点粗且密，尤以两唇及其前缘更甚，呈皱状，着生稀疏短毛。触角第3节长，端节明显加粗，前胸背板拱凸，后缘无边框，中部向后拱明显，与鞘翅基部等宽，表面刻点粗深，两侧密，中部稍稀疏，点间光平。小盾片光亮无刻点，半球形。鞘翅上具极深的皱状刻点，点间隆起，翅端尤明显。鞘翅外缘紧靠缘褶处呈横皱状。卵长1.5毫米，宽0.6毫米，长椭圆体，表面光滑。末龄幼虫体长7.5毫米，头黑色具光泽，体长黑色略带黄色，各节上的肉瘤大小不等，气门下线、基线上肉瘤明显。蛹长约6.5毫米，半球状，黄褐色，腹部各节侧面各具黑色短小刚毛1丛，腹部末端有叉状突起1对。

生活习性

（1）小猿叶虫：在南方与大猿叶虫混杂发生，为害严重。长江流域年发生3代，以成虫越冬；广东年发生5代，无明显越冬现象。2月底3月初成虫开始活动，3月中旬产卵，3月底孵化，4月成虫和幼虫混合为害最烈，4月下旬化蛹及羽化。5月中旬气温渐高，成虫蛰伏越夏，8月下旬又开始活动，9月上旬产卵，9～11月盛发，各虫态均有，12月中下旬成虫越冬。越冬场所为在枯叶下或根隙，略群聚。当夏季气温不高、食料丰富时，成虫夏眠缩短或不休眠。成虫寿命长，平均约2年。卵散产于叶柄上，产前咬孔，一孔一卵，横置其中。卵期约7天。幼虫喜在心叶取食，昼夜活动，以晚上为甚。老熟幼虫入土3厘米左右，筑土室化蛹，蛹期7～11天。

（2）大猿叶虫：长江以北年发生2代，长江流域2～3代，广西5～6代。成虫在菜田土缝或表土层15厘米深处枯枝落叶下越冬。越冬代成虫于翌年4月活动，迁往春菜地为害、交配和产卵，气温26 ℃时成虫入土蛰伏夏眠近3个月，8～9月间开始种植秋菜时，成虫又外出交配产卵，发生2代幼虫，10月后开始越冬。成虫平均寿命96天，最长167天。每雌产卵200～500粒，多的达700粒，多把卵产在根际附近土缝内、土块上和心叶里。卵发育历期3～6天，幼虫期20天左右，共4龄，蛹期11天，每年4～5月、9～10月有两次为害。幼虫孵化后爬到寄主叶片上取食，日夜活动，有假死性，受惊扰时分泌出黄色液体或蜷曲落地，老熟后落地入土做土室化蛹。

防治方法

（1）提倡使用防虫网，可防治猿叶虫，兼治其他害虫。提倡全生育期覆盖，覆盖前清除棚中残虫，防虫网四周土压实，防止成虫潜入棚中产卵。可选20～25目（非法定计量单位，即每平方英寸上的孔数），丝径0.18毫米，幅宽12～36米，白色、黑色或银灰色的防虫网，可有效防治。

（2）农业防治。收获后及时清洁田园，消灭越冬越夏害虫。秋冬结合积肥、清除菜田残株败叶、铲除杂草，可消灭部分越冬虫源及减少早春害虫的食料。利用成、幼虫假死性，进行震落扑杀。成虫越冬前，在田间、地埂、畦埂处堆放菜叶杂草，引诱成虫，集中杀灭。

（3）化学防治。防治成虫可喷洒2.5%鱼藤酮乳油500倍液，或0.5%楝素杀虫乳油800倍液，或50%辛硫磷乳油1 000倍液，或90%敌百虫可溶性粉剂900倍液。防治幼虫可掌握在卵孵化盛期，环绕植株喷淋2.5%楝素杀虫乳油800倍液，或5%氟虫腈悬浮剂2 000倍液，或5%氟虫脲乳油200倍液，或3.5%氟腈·溴乳油1 500倍液，或0.2%高渗阿维菌素1 500倍液，或1.8%阿维菌素加2.5%三氟氯氰菊酯复配剂1 500倍液，隔7天1次，使用辛硫磷的作物采收前6天停止用药。

菜螟

学　　名 *Hellula undalis* Fabricius，别名菜心野螟、萝卜螟、钻心虫，属鳞翅目，螟蛾科，是世界性害虫。

寄　　主 萝卜、白菜、甘蓝、花椰菜等十字花科蔬菜。尤其是秋播萝卜受害最重，白菜、甘蓝次之。

为害特点 菜螟主要为害萝卜。菜螟是一种钻蛀性害虫，常为害幼苗期的心叶及叶片，受害幼苗因生长点被破坏而停止生长，或萎蔫死亡，造成缺苗，且传播软腐病。

形态特征 成虫体长7毫米，翅展15毫米，灰褐色。前翅具3条白色横波纹，中部有一深褐色肾形斑，镶有白边，后翅灰白色。卵长约0.3毫米，椭圆体，扁平，表面有不规则网纹，初产淡黄色，以后渐现红色斑点，孵化前橙黄色。老熟幼虫体长12～14毫米，头部黑色，胸部淡黄色，前胸背板黄褐色，体背有不明显的灰褐色纵纹，各节生有毛瘤，中、后胸各6对，腹部各节前排8个，后排2个。蛹体长约7毫米，黄褐色，翅芽长达第4腹节后缘，腹部背面5条纵线隐约可见，腹部末端生长刺2对，中央1对略短，末端略弯曲。

生活习性 在北京、山东1年3～4代，上海、成都6～7代，广西柳州9代，以老熟幼虫在地面吐丝缀合土粒、枯叶做成丝囊越冬（少数以蛹越冬）。翌春越冬幼虫入土6～10厘米深做茧化蛹。成虫趋光性不强，飞翔力弱，卵多散产于菜苗嫩叶上，平均每雌可产200粒左右。卵发育历期2～5天。初孵幼虫潜叶为害，隧道宽短；2龄后穿出叶面；3龄吐丝缀合心叶，在内取食，使心叶枯死并且不能再抽出心叶；4～5龄可由心叶或叶柄蛀入茎髓或根部，蛀孔显著，孔外缀有细丝，并有排出的潮湿虫粪，受害苗枯死或叶柄腐烂。幼虫可转株为害4～5株。幼虫5龄老熟，在菜根附近土中化蛹。5～9月，幼虫发育历期9～16天，蛹4～19天。此虫喜高温低湿环境，北京8～9月播种的秋白菜，在菜苗3～5片真叶期时，气温为24 ℃左右，相对湿度约为67%，此时恰与幼虫盛发期吻合，菜苗受害最重。

防治方法

（1）农业防治。一是耕翻土地，可消灭一部分在表土或枯叶残株内的越冬幼虫，减少虫源；二是调整播种期，使菜苗3～5片真叶期与菜螟盛发期错开；三是适当灌水，增大田间湿度，既可抑制害虫，又能促进菜苗生长。

（2）化学防治。此虫是钻蛀性害虫，所以喷药防治必须抓住成虫盛发期和幼虫孵化期进行，可采用90%晶体敌百虫1 000～1 500倍液，或40%氰戊菊酯乳油3 000倍液，或80%敌敌畏乳油1 000倍液，或50%辛硫磷乳油、20%菊·杀乳油2 000～3 000倍液，或10%菊·马乳油1 500～2 000倍液，或2.5%溴氰菊酯乳油3 000倍液，喷雾防治。

黄曲条跳甲

学　　名　*Phyllotreta striolata*（Fabricius），别名菜蚤子、土跳蚤、黄跳蚤、狗虱虫、黄曲条菜跳甲、黄条跳甲，是世界性害虫。

黄曲条跳甲

寄　　主　甘蓝、花椰菜、白菜、菜薹、萝卜、芜菁、油菜等十字花科蔬菜为主，也为害茄果类、瓜类、豆类蔬菜。

为害特点　黄曲条跳甲主要为害萝卜。成虫在幼苗期为害最重，咬食刚出土的幼苗子叶，使幼苗死亡。在留种地主要为害花蕾和嫩荚。幼虫只蛀食根皮，咬断须根，致使叶片萎蔫枯死。萝卜被害有许多黑斑，最后整个变黑腐烂。

形态特征 成虫体长1.5～2.4毫米，为黑色小甲虫，鞘翅上各有一条黄色纵斑，中部狭而弯曲。后足腿节膨大，十分善跳，胫节、跗节黄褐色。老熟幼虫体长约4毫米，长圆筒形，黄白色，各节具不显著肉瘤，生有细毛。卵长约0.3毫米，椭圆体，淡黄色，半透明。蛹长约2毫米，椭圆体，乳白色，头部隐于前胸下面，翅芽和足达第5腹节，胸部背面有稀疏的褐色刚毛。腹末有一对叉状突起，叉端褐色。

生活习性 黑龙江年发生2代，我国华北地区4～5代，上海、杭州4～6代，南昌5～7代，广州7～8代。以成虫在落叶、杂草中潜伏越冬。翌春气温达10 ℃以上开始取食，达20 ℃时食量大增。成虫善跳跃，高温时还能飞翔，以中午前后活动最盛。有趋光性，对黑光灯敏感。成虫寿命长，产卵期可延续1个月以上，因此世代重叠，发生不整齐。卵散产于植株周围湿润的土隙中或细根上，平均每雌产卵200粒左右。20 ℃下卵发育历期4～9天。幼虫需在高湿情况下才能孵化，沟边的地里幼虫多。幼虫孵化后在3～5厘米的表土层啃食根皮，幼虫发育历期11～16天，共3龄。老熟幼虫在3～7厘米深的土中筑土室化蛹，蛹期约20天。全年以春秋两季发生严重，并且秋季重于春季，湿度高的菜田重于湿度低的菜田。

防治方法

（1）农业防治。保持田间清洁，清除杂草及残株落叶，控制害虫越冬基数，压低越冬虫量。

（2）化学防治。发生严重的地区，在萝卜播种前用4%乙敌粉每亩2.0～2.5千克撒施，耙匀，萝卜出苗后20～30天，喷药杀灭成虫。特别对4月中下旬产卵前的越冬成虫要重点防治。在成虫发生盛期喷药，每亩用10%氯氰菊酯乳油30～50毫升，加水20～40升喷雾；或用90%晶体敌百虫1 000倍液、48%毒死蜱（乐斯本）乳油50毫升加水100升喷雾，或用上述药液配制成300倍液进行浇灌，可杀死地下活动的幼虫，持效期20天左右，或用5%氟虫腈悬浮剂（锐劲特）18～35毫升加水20～50升喷雾，或用25%马拉松乳油800

倍液、20%氰戊菊酯（速灭杀丁）乳油2 000倍液。

菜蛾

学　　名 *Plutella xylostella*（L.）　又叫小菜蛾、小青虫、两头尖，属鳞翅目菜蛾科，是世界性重要害虫。

寄　　主 主要是十字花科蔬菜和野生的十字花科植物，常见有甘蓝、花椰菜、大白菜、萝卜、芥菜等。

为害特点 菜蛾主要为害萝卜。初龄幼虫仅能取食叶肉，留下表皮，在叶片上形成一个个透明的斑。3～4龄幼虫将叶片吃成孔洞和缺刻，严重时全叶被吃成网状。苗期常集中在心叶为害，影响包心。在留种菜上，为害嫩茎、幼荚和籽粒，影响结实。

形态特征 成虫体长6～7毫米，翅展12～15毫米。雄蛾前翅灰黑色或灰白色，雌蛾淡灰褐色。翅狭长而尖，后缘有呈三度曲波状的淡黄或灰黄色带。前翅缘毛特别是靠近外缘处较长。后翅银灰色，缘毛也很长。卵椭圆形，扁平，表面光滑，淡黄色。幼虫体长10～12毫米，呈纺锤形，淡绿色。前胸背板上有淡褐色小点排成两个U形纹。尾足向后伸长，超过腹末。蛹体长5～8毫米，由淡黄褐色变灰褐色，外有稀薄、网状的灰白色茧。

生活习性 华北1年发生5～6代，长江流域9～14代，广西17代。北方以蛹在向阳处的枯叶或杂草间过冬；南方主要以成虫潜伏在残株落叶和杂草上越冬，但在广西南部和广东可全年发生。成虫昼伏夜出，有趋光性，卵散产或3～5粒连产一块。每头雌蛾产卵量一般为200粒左右。菜蛾发育最适温度为20～30 ℃，因此春秋两季往往为害严重。

防治方法

（1）农业防治。避免十字花科蔬菜连作，夏季断绝过渡寄主。蔬菜收获后及时进行田园清洁，深耕，消灭大批虫源。

（2）诱杀成虫。性诱剂诱杀：每个诱芯含人工合成性诱剂50微克，用铁丝穿吊在诱蛾水盆上方，盆中加入适量洗衣粉，每盆距离100米。每天傍晚放出，清晨收回。灯光诱蛾：4月中旬至11月中下旬在菜地安装20瓦黑光灯，灯的位置高出地面33厘米左右，成片地约6 000平方米一盏灯。

（3）生物防治。选用苏芸金杆菌B.t.乳剂、复方B.t.乳剂、杀螟杆菌或青虫菌粉，每亩50毫升，在气温20 ℃以上时使用，具有效果好、无公害、不杀伤天敌等优点。川楝素与B.t.乳剂混用，有明显增效作用。

（4）化学防治。防治必须掌握在幼虫2～3龄前。该虫极易产生抗性，应不同类型药剂交替使用。可用5%氯虫苯甲酰胺（杜邦普尊）1 000倍液，或5%氟啶脲（抑太保）乳油4 000倍液，或5%氟虫脲（卡死克）乳油4 000倍液，或5%农梦特乳油4 000倍液，或20%灭幼脲1号悬浮剂500～1 000倍液，或10%氯氰菊酯乳油3 000倍液喷雾。

甘蓝夜蛾

学　　名　*Mamestra brassicae*（L.），别名甘蓝夜盗虫，属于鳞翅目、夜蛾科。在全国各地都有发生。

寄　　主　甘蓝夜蛾为多食性害虫，寄主植物有120多种，包括多种蔬菜、大田作物、果树、杂草、花卉等，主要有甘蓝、白菜、萝卜、番茄、茄子、辣椒、油菜、甜菜、菠菜、大葱、豌豆、玉米等。

为害特点　甘蓝夜蛾主要为害萝卜。幼虫为害叶片、嫩果及嫩荚，严重时可将叶片食尽，仅留叶脉和叶柄。甘蓝夜蛾是一种间歇性的害虫，容易在短期内暴发，应注意监测。

形态特征　成虫体长约20毫米，翅展45毫米，棕褐色。前翅有明显的肾形斑和环状斑，后翅外缘有1个小黑斑。卵半球形，淡黄色，表面具纵脊和横格。老熟幼虫体长

50毫米左右，头部褐色，身体腹面淡绿色，背面呈黄绿或棕褐色；褐色型各节背面具倒“八”字纹。蛹长20毫米，棕褐色，臀棘为2根长刺，端部膨大。

生活习性　北方每年发生2～3代，以蛹在土壤中越冬。成虫对黑光和糖醋气味有较强的趋性，喜欢密集在通风较差的地方产卵呈单层块状。每只雌成虫产4～5块卵，有600～800粒。卵的发育适宜温度为23.5～26.5 ℃，卵期为4～5天。幼虫共6龄，1～3龄幼虫集中叶背为害，4～6龄开始分散为害；5龄以后食量增大，白天藏在叶子里或根周围土中，夜间出来为害；5～6龄为暴食期。幼虫发育适宜温度为20～24.5 ℃。老熟幼虫在土中做茧化蛹。蛹发育的适宜温度为20～24 ℃，越夏蛹历期2个月，越冬蛹历期半年以上，其他时期历期10天左右。土壤含水量为20%时，对蛹发育最为适宜；土壤含水量小于5%或大于35%时都会降低羽化率。该虫发育的最适温度为18～25 ℃，相对湿度70%～80%。温度低于15 ℃或高于30 ℃，相对湿度小于68%或大于85%，对该虫的发生不利。

防治方法

（1）农业防治。秋翻冬耕，消灭越冬蛹。在晚秋或冬季蔬菜收获后，清除杂草，翻耕土地，可以消灭部分越冬蛹，减少来年虫口基数。

（2）物理防治。在3月中旬结合诱杀小地老虎，用黑光灯诱杀成虫，也可用糖醋盆诱杀成虫。

（3）人工防治。掌握卵期、初孵幼虫集中取食的习性，结合田间管理，摘除卵块及初孵幼虫食害的叶片，可消灭卵块及初孵幼虫。

（4）化学防治。当90%以上卵已孵化，幼虫多在2～3龄阶段，这时幼虫比较集中，食量小，抗药性弱，是化学防治的有利时机。常用防治药剂同甜菜夜蛾。

斜纹夜蛾

学　　名　*Prodenia litura*（Fabricius），别名莲纹夜蛾、莲纹夜盗蛾，属鳞翅目夜蛾科。世界性害虫，国内分布很广，从南到北都有发生，是一种食性很杂和暴食性害虫。

寄　　主　寄主达99科290种以上。在蔬菜中主要为害油菜、甘蓝、花椰菜、白菜、萝卜等十字花科蔬菜，茄科、葫芦科、豆科蔬菜，芋、薄荷、葱、韭菜、菠菜以及棉花、甘薯、芝麻、玉米、水稻等农作物。

为害特点　斜纹夜蛾主要为害萝卜。幼虫食叶、花蕾、花及果实，严重时可将全田作物吃光。在甘蓝、白菜上可蛀入叶球、心叶，并排泄粪便，造成污染和腐烂，使之失去商品价值。

形态特征

（1）成虫体长14～20毫米，翅展35～40毫米，头、胸、腹均深褐色，胸部背面有白色丛毛，腹部前数节背面中央具暗褐色丛毛。前翅灰褐色，斑纹复杂，内横线及外横线灰白色，波浪形，中间有白色条纹，在环状纹与肾状纹间，自前缘向后缘外方有3条白色斜线，故名斜纹夜蛾。后翅白色，无斑纹。前后翅常有水红色至紫红色闪光。

（2）卵扁半球形，直径0.4～0.5毫米，初产黄白色，后转淡绿，孵化前紫黑色。卵粒集结成3～4层的卵块，外覆灰黄色疏松的绒毛。

（3）老熟幼虫体长35～47毫米，头部黑褐色，腹部体色因寄主和虫口密度不同而异，呈土黄色、青黄色、灰褐色或暗绿色，背线、亚背线及气门下线均为灰黄色及橙黄色。从中胸至第9腹节在亚背线内侧有三角形黑斑1对，其中以第1、7、8腹节的最大。胸足近黑色，腹足暗褐色。

（4）蛹长15～20毫米，赭红色，腹部背面第4～7节近前缘处各有1个小刻点。臀棘短，有一对强大而弯曲的刺，刺的基部分开。

生活习性　华北地区年发生4～5代，长江流域5～6代，福建6～9代，在两广、福建、台湾可终年繁殖，无越冬现象；在长江流域以北的地区，越冬问题尚无结论，推测春季虫源有从南方迁飞而来的可能性。长江流域多在7～8月大发生，黄河流域多在8～9月大发生。成虫夜间活动，飞翔力强，一次可飞数十米远，高达10米以上，成虫有趋光性，并对糖醋酒液及发酵的胡萝卜、麦芽、豆饼、牛粪等有趋性。成虫需补充营养，取食糖蜜的平均产卵577.4粒，未能取食者只能产数粒。卵多产于高大、茂密、浓绿的边际作物上，以植株中部叶片背面叶脉分叉处最多。卵发育历期，22 ℃时约7天，28 ℃时约2.5天。初孵幼虫群集取食，3龄前仅食叶肉，残留上表皮及叶脉，呈白纱状后转黄，易于识别。4龄后进入暴食期，多在傍晚出来为害。幼虫共6龄，发育历期21 ℃时约27天，26 ℃时约17天，30 ℃时约12.5天。老熟幼虫在1～3厘米表土内筑土室化蛹，土壤板结时可在枯叶下化蛹。蛹发育历期，28～30 ℃时约9天，23～27 ℃时约13天。斜纹夜蛾的发育适温为29～30 ℃，因此各地严重为害时期皆在7～10月。

防治方法

（1）农业防治。蔬菜收获后要深翻土壤，使大量虫、蛹暴露在地面或遭机械创伤而死。

（2）诱杀成虫。结合防治其他菜虫，可采用黑光灯或糖醋盆等诱杀成虫。

（3）化学防治。3龄前为点片发生阶段，可结合田间管理进行重点防治，不必全田喷药。4龄后夜出活动，因此施药应在傍晚前后进行。药剂可选用5%氟虫腈（锐劲特）悬浮剂2 500倍液，或15%菜虫净乳油1 500倍液，或2.5%联苯菊酯（天王星）或20%甲氰菊酯（灭扫利）乳油3 000倍液，或35%顺丰2号乳油1 000倍液，或5.7%百树菊酯乳油4 000倍液，或10%吡虫啉可湿性粉剂2 500倍液，或5%氰戊菊酯（来福灵）乳油2 000倍液，或5%氟啶脲乳油2 000倍液，或20%米满胶悬剂2 000倍液，或44%速凯乳油

1 000～1 500倍液，或4.5%高效顺反氯氰菊酯乳油3 000倍液等，隔10天1次，连用2～3次。

菜叶蜂

学　　名　为害十字花科蔬菜的菜叶蜂在我国已知的有5种，即黄翅菜叶蜂*Athaliarosae japonensis*（Rhower）、黑斑菜叶蜂*A.Nigromaculata Cameron*、日本菜叶蜂*A.Japonica*（klug）、黑斑菜叶蜂*A.Lugens proxema*（klug）、新疆菜叶蜂*A.Rosae*（linne），均属膜翅目叶蜂科。

菜叶蜂

上述各种叶蜂，以黄翅菜叶蜂分布最广，除新疆、西藏外，各省区都有，以华北和华东沿海各省发生普遍。今以黄翅菜叶蜂为主介绍。

寄　　主　油菜、芜菁、白菜、甘蓝、萝卜、芥菜等十字花科蔬菜。

为害特点　菜叶蜂主要为害萝卜。幼虫为害叶片，把叶片咬成孔洞或缺刻，为害留种株花和嫩荚，少数咬食根部，虫口密度大时，仅几天即可造成严重损失。

形态特征

（1）成虫体长6～8毫米，头部和中、后胸背面两侧为黑色，其余橙蓝色，但胫节端部及各跗节端部为黑色；翅基半部黄褐色，向外渐淡至翅尖透明，前缘有一黑带与翅痣相连；触角黑色，雄性基部2节淡黄色；腹部橙黄色，雌虫腹末有短小的黑色产卵器。

（2）卵近球形，大小约0.83毫米×0.42毫米，卵壳光滑，初产时乳白色，后变淡黄色。幼虫体长约15毫米，头部黑色，身体蓝黑色，各体节具很多皱纹及许多小突起，胸部较粗，腹部较细，具3对胸足和8对腹足。

（3）蛹头部黑色，蛹体初为黄白色，后转橙色。

生活习性　在北方年发生5代，以预蛹在土中茧内越冬。各代发生时间第1代为5月上旬至6月中旬，第2代为6月上旬至7月中旬，第3代为7月上旬至8月下旬，第4代为8月中旬至10月中旬。成虫在晴朗高温的白天极为活跃，交配产卵，卵产入叶缘组织内呈小隆起，每处1～4粒，常在叶缘产成1排，每雌可产40～150粒。卵发育历期在春秋季为11～14天，夏季为6～9天。幼虫共5龄，发育历期10～12天。幼虫早晚活动取食，有假死性。老熟幼虫入土筑土茧化蛹，前蛹期10～20天（越冬代4～5个月），蛹期7～10天。每年春秋两季呈两个发生高峰，以秋季8～9月最为严重。

防治方法

（1）农业防治。萝卜收获后要及时中耕、除草，使虫茧暴露或破坏，能减少虫源。尽量早播，躲过幼虫大发生期或植株已长大，可减轻受害。

（2）成虫发生期每天可在10～17时用捕虫网在田间或地边杂草上网捕成虫。

（3）化学防治。于清晨有露水时喷撒2%巴丹粉剂，每亩2千克。在幼虫发生期喷洒50%辛硫磷乳油1 500倍液，或35%伏杀磷乳油或50%马拉硫磷乳油1 000倍液。此外，20%氰戊菊酯乳油、2.5%敌杀死乳油、10%安绿宝乳油或5.7%百树菊酯乳油3 000～4 000倍液效果优异，药效可维持20多天。

菜蝽

学　　名　*Eurydema* spp.，属半翅目异翅亚目蝽科，国内外记载已知有10余种，其中主要有河北菜蝽、云南菜蝽、斑菜蝽、花菜蝽、姬菜蝽、萝卜赤条蝽。

寄　　主　十字花科植物，蔬菜中受害最重的是甘蓝、萝卜、芥菜、油菜等。

为害特点　菜蝽主要为害萝卜。成虫和若虫刺吸蔬菜汁液，尤喜刺吸嫩芽、嫩茎、嫩叶、花蕾和幼种荚。害虫的唾液对植物组织有破坏作用，被刺处留下黄白色至微黑色斑点。幼苗子叶期受害则萎蔫甚至枯死，花期受害则不能结荚或籽粒不饱满。此外，该虫可传播软腐病。

形态特征　成虫体长6～9毫米，宽3.2～5毫米，椭圆形，橙黄或橙红色。头黑色，侧缘上卷，橙黄或橙红色。前胸背板有6块黑斑。小盾板具橙黄或橙红“Y”形纹，交汇处缢缩。翅革片具橙黄或橙红色曲纹，在翅外缘形成2黑斑；膜片黑色，具白边。足黄、黑相间。腹部腹面黄白色，具4纵列黑斑。

生活习性　华北地区每年发生2代。以成虫在石块下、土缝、落叶、枯草中越冬，翌年3月下旬开始活动，4月下旬开始交配产卵。早期产的卵在6月中下旬发育为第1代成虫，7月下旬前后出现第2代成虫，大部分为越冬个体。5～9月是成虫、若虫的主要为害时期。成虫多于夜间产在叶背，单层成块。若虫共5龄，高龄若虫适应性较强。

防治方法

（1）农业防治。冬耕和清理菜地，可消灭部分越冬成虫，人工摘除卵块。适时浇水，淹杀产在地面的第1代卵块。试验表明，浸水8小时可淹杀50%左右卵块。

（2）化学防治。以防治成虫为上策，其次是防治若虫，若虫分散之前即1、2龄若虫时加紧防治。常用药剂有40%乐果乳油1 500倍液，90%晶体敌百虫1 500倍液，80%敌敌畏乳油1 000倍液，20%氰戊菊酯乳油4 000倍液，10%高效氯氰菊酯乳油亩用10～15毫升，35%硫丹乳油亩用80～150毫升。

二、地下害虫

地老虎类

地老虎为害马铃薯1

地老虎为害马铃薯2

1.小地老虎

学　　名　*Agrotis ypsilon*（Rottemberg），鳞翅目夜蛾科。别名土蚕、地蚕、黑土蚕、黑地蚕。

2.黄地老虎

学　　名　*Agrotis segetum* Schiffer müller，鳞翅目夜蛾科。

3.大地老虎

学　　名　*Trachea tokionis* Butler，鳞翅目夜蛾科。

寄　　主　各种蔬菜和农作物幼苗及药食两用植物。

症　　状　地老虎类主要为害马铃薯、胡萝卜、萝卜。幼虫将幼苗近地面的茎部咬断，使整株死亡。幼虫咬食块茎（块根）形成空洞，降低商品价值。

形态特征

（1）小地老虎成虫体长16～23毫米，翅展42～54毫米，深褐色，前翅由内横线、外横线将全翅分为3段，具有显著的肾状斑、环形纹、棒状纹和2个黑色剑状纹，后翅灰色无斑纹。卵长0.5毫米，半球形，表面具纵横隆纹，初产乳白色，后出现红色斑纹，孵化前灰黑色。幼虫体长37～47毫米，灰黑色，体表布满大小不等的颗粒，臀板黄褐色，具2条深褐色纵带。蛹长18～23毫米，赤褐色，有光泽，第5～7腹节背面的刻点比侧面的刻点大，臀棘为短刺1对。

（2）黄地老虎成虫体长14～19毫米，翅展32～43毫米，灰褐至黄褐色。额部具钝锥形突起，中央有一凹陷。前翅黄褐色，全翅散布小褐点，各横线为双条曲线但多不明显，肾纹、环纹和剑纹明显，且围有黑褐色细边，其余部分为黄褐色；后翅灰白色，半透明。卵扁圆形，底平，黄白色，具40多条波状弯曲纵脊，其中约有15条达到精孔区，横脊15条以下，组成网状花纹。幼虫体长33～45毫米，头部黄褐色，体淡黄褐色，体表颗粒不明显，体多皱纹而淡，臀板上有两块黄褐色大斑，中央断开，小黑点较多，腹部各节背面毛片，后两个比前两个稍大。蛹体长16～19毫米，红褐色。第5～7腹节背面有很密的小刻点9～10排，腹末生粗刺一对。

（3）大地老虎成虫体长20～22毫米，翅展45～48毫米，头部、胸部褐色，下唇须第2节外侧具黑斑，颈板中部具黑横线1条。腹部、前翅灰褐色，外横线以内前缘区、中室暗褐色，基线双线褐色达亚中褶处，内横线波浪形，双线黑色，剑纹黑边窄小，环纹具黑边圆形褐色，肾纹大具黑边，褐色，外侧有一黑斑可达外横线，中横线褐色，外横线锯齿状双线褐色，亚缘线锯齿形浅褐色，缘线呈一列黑色点，后翅浅黄褐色。卵半球形，卵长1.8毫米，高1.5毫米，初淡黄后渐变黄褐色，孵化前灰褐色。老熟幼虫体长41～61毫米，黄褐色，体表皱纹多，颗粒不明显。头部褐色，中央具黑褐色纵纹1对，额（唇基）三角形，底边大于斜边，各腹节2毛片与1毛片，大小相似。气门长卵形，黑色，臀板除末端2根刚毛附近为黄褐色外，几乎全为深褐色，且全布满龟裂状皱纹。蛹长23～29毫米，初浅黄色，后变黄褐色。

生活习性

（1）小地老虎以老熟幼虫、蛹和成虫越冬。成虫夜间交配产卵，卵产在5厘米以下矮小杂草上，如小旋花、小蓟、藜、猪毛菜等，尤其在贴近地面的叶背或嫩茎上，卵散产或成堆产。成虫对黑光灯及糖醋液等趋性较强。幼虫共6龄，3龄前在地面、杂草或寄主幼嫩部位取食，为害小；3龄后昼夜潜伏于表土，夜间出来为害，动作敏捷，性残暴，能自相残杀。老熟幼虫有假死性，受惊缩成环形。性喜温暖和潮湿，最适发生温度为13～25 ℃。在河流、湖泊地区或低洼内涝、雨水充足和常年灌溉地区，如土质疏松、团粒结构好、保水性强的壤土、黏壤土、沙壤土，均适合小地老虎发生。早春菜田和杂草多的周边，可提供产卵场所；蜜源植物多的地方，可为成虫提供足够营养，会形成较大的虫源。

（2）黄地老虎东北、内蒙古年发生2代，西北2～3代，华北3～4代。一年中春秋两季为害，但春季为害重于秋季。一般以4～6龄幼虫在2～15厘米深的土层中越冬，以7～10厘米最多，翌春3月上旬越冬幼虫开始活动，4月上中旬在土中作室化蛹，蛹期20～30天。华北5～6月为害最重，黑龙江6月下旬至7月上旬为害最重。成虫昼伏夜出，具较强趋光性和趋化性。习性与小地老虎相似，幼虫以3龄以后为害最重。

（3）大地老虎每年发生1代，以幼虫在田埂杂草丛及绿肥田中表土层越冬，次年4～5月与小地老虎同时混合发生为害。有越夏习性，在北京9月化蛹，成虫喜食蜜糖液，卵产于植物近地面的叶片上或土块上。长江流域3月初出土为害，5月上旬进入为害盛期，气温高于20 ℃则滞育越夏，9月中旬开始化蛹，10月上中旬羽化为成虫。每雌可产卵1 000粒，卵期11～24天，幼虫期300多天。

防治方法　注意虫情的预测预报，及时防治。

（1）早春清除杂草。

（2）诱杀防治。黑光灯可诱杀成虫。糖醋液可诱杀成虫，糖醋液用糖6份、醋3份、白酒1份、水10份、90%敌百虫1份调匀制成。用毒饵诱杀幼虫将饵料（秕谷、麦麸、豆饼、棉籽饼或玉米碎粒）5千克炒香，而后用90%敌百虫30倍液0.15千克拌匀，适量加水拌湿，亩施1.5～2.5千克，在无风闷热的傍晚撒施。也可堆草诱杀，将菜叶打碎，喷上90%精制敌百虫400～500倍液，傍晚散放在根旁，杀虫效果很好。

（3）生物防治。提倡用六索线虫、小卷蛾线虫防治，也可用性诱剂防治。每2亩地设1个诱杀器，距地面1米高，诱杀器内装小地老虎性信息素70微克，从小地老虎始发期开始，至成虫终现期为止。

（4）化学防治。地老虎1～3龄幼虫期抗药性差，且暴露在寄主植物或地面上，是化学防治的最佳时期，可喷洒48%毒死蜱乳油1 000倍液，或20%氰戊菊酯3 000倍液，或90%敌百虫800倍液，或50%辛硫磷乳油800倍液。此外，也可用50%辛硫磷乳油0.5千克，加水适量喷拌在150千克细土上撒施。也可用2.5%敌百虫粉，每亩1.5～2千克拌细土10千克撒在菜株心叶里。也可用5%毒·辛颗粒剂2千克，或3%毒死蜱颗粒剂4千克进行撒施或沟施。虫龄较大时，可用50%辛硫磷乳油1 000倍液，或52.25%毒死蜱·氯氰菊酯乳油1 000倍液，或5.7%氟氯氰菊酯乳油1 500倍液，或5%虱螨脲乳油1 000倍液，或2.5%多杀菌素悬浮剂1 000倍液灌杀。据雷玉明等报道，田间每平方米有黄地老虎3～5头、蝼蛄3～5头、金针虫3头时为地下害虫的重点防治时期，要开展全田普防。一般每亩用40%辛硫磷乳油60毫升加水45千克，或用2.5%功夫（高效氯氟氰菊酯）乳油17毫升加水45千克灌根，每隔7～10天防治1次，连防2次。可在播前，每亩用10%吡虫啉湿拌剂200毫升加水75千克，或70%噻虫嗪湿拌剂200毫升加水75千克，或3%辛硫磷颗粒剂5千克加细土15千克，或2.5%氯氟氰菊酯水乳剂20毫升加水75千克，进行毒土撒施或药液喷施。

蛴螬

蛴螬

蛴螬为害马铃薯块茎

蛴螬是鞘翅目金龟甲总科幼虫的总称。别名白地蚕、白土蚕。按其食性可分为植食性、粪食性、腐食性三类。植食性种类中以鳃金龟科和丽金龟科的一些种类，发生普遍，为害最重。

寄　　主　植食性蛴螬大多食性极杂，同一种蛴螬常可为害双子叶和单子叶植物，多种蔬菜、油料，芋、棉、牧草及花卉和果、林等播下的种子及幼苗。

症　　状　蛴螬主要为害马铃薯、胡萝卜、萝卜。幼虫蛴螬终生栖居土中，喜食刚播下的种子、根、块根、块茎以及幼苗等。成虫食树叶和部分作物叶片。蛴螬主要为害马铃薯地下嫩根、地下茎和块茎，进行咬食和钻蛀，断口整齐，造成幼苗枯死，缺苗断垄。咬食马铃薯块茎时，形成缺口，引起腐烂，降低品质。

形态特征　成虫体长16～21毫米，宽8～11毫米，黑色或黑褐色，具光泽。唇基横长，近似半月形，前、侧缘边上卷，前缘中间微凹入。触角10节，鳃片部3节呈黄褐或赤褐色。前胸背板宽度不及长度的2倍，两侧缘呈弧状外扩。小盾片近于半圆形。鞘翅呈长椭圆形，每翅具4条明显的纵肋。前足胫节外齿3个，胫节内有端距1根，中、后足胫节末端有端距2根，中段有一完整的具刺横脊。臀节外露，前臀节腹板中间，雄性为一明显的三角形凹坑，雌性呈尖齿状。卵长椭圆形，大小为2.5毫米×1.5毫米，白色稍带黄绿色光泽；发育后期呈圆球形，大小为2.7毫米×2.2毫米，洁白而有光泽。幼虫蛴螬体肥大弯曲呈“C”形，大多白色，有的黄白色，体壁柔软多皱，疏生细毛。头大而圆，多为黄褐色或红褐色，有左右对称的刚毛。胸足3对，后足较长。腹部10节，第10节为臀节，上生有刺毛。蛹为裸蛹，体长21～24毫米，宽11～12毫米，初期白色，渐转红褐色。

生活习性 2年发生1代，以幼虫和成虫在土中越冬。4～7月成虫大量出现，成虫有假死性和趋光性，并对未腐熟的厩肥有强烈趋性。昼间藏在土中，晚8～9时取食，进行交配。一般交配后10～15天开始产卵，卵产于松软湿润的土壤内，以水浇地最多。卵期15～22天，幼虫期340～400天，冬季在55～150厘米深土中越冬，蛹期约20天。幼虫蛴螬共3龄，始终在地下活动，一般当10厘米土温达5 ℃时开始上升至表土层，13～18 ℃时活动最盛，23 ℃以上则往深土中移动。土壤湿润则活动性强，尤其小雨连绵天气为害重。主要在春秋两季为害最重。

防治方法

（1）注意当地对此类害虫的预测预报。

（2）农业防治。一是深秋或初冬翻耕土地，消灭一部分虫，压低虫量，减轻为害；二是合理安排茬口，前茬不应为豆类、花生、甘薯、玉米等；三是合理施用化肥，避免施用未腐熟的厩肥，因成虫对未腐熟的厩肥有强烈趋性，常将卵产于其内，而碳酸氢铵、氨水等化肥能散发氨气，对害虫有驱避作用；四是合理灌溉，蛴螬发育最适宜的土壤含水量为15%～20%，土壤过干或过湿，会使蛴螬向土层深处转移，或使卵不能孵化，幼虫致死，但灌溉要合理控制，不能影响作物生长发育。

（3）化学防治。用50%辛硫磷乳油1 000倍液，或5.7%氟氯氰菊酯乳油1 500倍液，或52.25%毒死蜱·氯氰菊酯乳油1 000倍液，或30%敌百虫乳油500倍液，或80%敌百虫可溶性粉剂1 000倍液喷洒或灌杀。也可用绿僵菌10毫克/千克防治，或用3%毒死蜱颗粒剂，每亩用3～4千克，掺细土20千克，撒施或沟施。还可用50%辛硫磷乳油每亩200～250克，加水10倍，喷于25～30千克细土上拌匀成毒土，撒于地面，随即耕翻，或混入厩肥中施用，或结合灌水施入，或5%辛硫磷颗粒剂，每亩2.5～3千克，或用3%毒死蜱颗粒剂3～4千克，掺细土20千克，撒施或沟施效果好。

蝼蛄类

蝼蛄

蝼蛄为害马铃薯苗

1.东方蝼蛄

学　　名　*Gryllotalpa orientalis* Burmeister，直翅目蝼蛄科。别名小蝼蛄、拉拉蛄、地拉蛄、土狗子、地狗子、水狗。除新疆外，其他各省区均有。

2.华北蝼蛄

学　　名　*Gryllotalpa unispina* Saussure，直翅目蝼蛄科。别名大蝼蛄、拉拉蛄、地拉蛄、土狗子、地狗子，遍布全国各地。

寄　　主　蔬菜及各类作物，多种药食两用植物播下的种子和幼苗。

症　　状　蝼蛄主要为害马铃薯、胡萝卜、萝卜。成虫、若虫均在土中活动，取食种子、幼芽或将幼苗咬断致死，受害根茎部呈乱麻状，菜苗被害后往往发育不良或凋萎死亡。由于蝼蛄活动力强，将表土层钻出许多纵横交错的隧道，使苗根易脱离土壤而失水枯死，造成缺苗断垄。温室中由于气温高，蝼蛄活动早，而幼苗又比较集中，受害更重。

形态特征

（1）东方蝼蛄。成虫体长30～35毫米，灰褐色，腹部色较浅，全身密布细毛。头圆锥形，触角丝状。前胸背板卵圆形，中间具一明显的暗红色长心脏形凹陷斑。前翅灰褐色，较短，仅达腹部中部。后翅扇形，较长，超过腹部末端。腹末具1对尾须。前足为开掘足，后足胫节背面内侧有4个距，别于华北蝼蛄。卵初产时长2.8毫米，孵化前4毫米，椭圆体，初产乳白色，后变黄褐色，孵化前暗紫色。若虫共8～9龄，末龄若虫体长25毫米，体形与成虫相近。

（2）华北蝼蛄。雌成虫体长45～66毫米，雄虫39～45毫米，体黄褐色，头暗褐色，卵形，复眼椭圆形，单眼3个，触角鞭状。前胸背板盾形，其前缘内弯，背中间具1个心形暗红色斑。前翅黄褐色平叠在背上，长15毫米，覆盖腹部不足一半；后翅长30～35毫米，纵卷成筒状。前足发达，中、后足小，后足肠节背侧内缘具距1～2个或无，别于东方蝼蛄。卵长1.6～1.8毫米，椭圆体，黄白色至黄褐色。若虫共12龄，5龄若虫体色、体形与成虫相似。

生活习性

（1）东方蝼蛄北方地区2年1代，南方1年1代，以成虫或若虫在地下越冬，翌年清明后上升到地表活动，在洞口可顶起一个小的虚土堆。5月上旬至6月中旬是蝼蛄第1次为害高峰期。6月下旬至8月下旬，因天气炎热转入地下，6～7月为产卵盛期。9月气温下降，再次升到地表，形成第2次为害高峰。10月中旬以后陆续钻入深层土中越冬。

（2）华北蝼蛄在我国北方地区，3年1代，多与东方蝼蛄混杂发生。蝼蛄昼伏夜出，晚上9～11时活动最盛，特别在气温高、湿度大、闷热的夜晚，大量出土活动。早春或晚秋因气候凉爽仅在表土层活动。炎热的中午潜至深土层。蝼蛄具有趋光性，并对香甜物质（半熟的谷子、炒香的豆饼、麦以及马粪等有机肥）有强烈趋性。成虫、若虫均喜欢松软潮湿的壤土或沙壤土。20厘米表土层含水量20%以上最适宜，小于15%活动减弱。气温12.5～19.8 ℃、20厘米土温15.2～19.9 ℃时，对蝼蛄最适宜。

防治方法

（1）施用有机活性肥或生物有机复合肥、酵素菌沤制的堆肥或腐熟有机肥。春播作物防治适期一般掌握在10厘米土温稳定在10 ℃时。

（2）药剂拌种。用种子量0.2%～0.3%的50%辛硫磷乳油、40%甲基异柳磷乳油或40%乐果乳油拌种。

（3）利用蝼蛄的趋光性，用黑光灯诱杀成虫集中消灭。

（4）毒饵和药剂防治。撒施毒饵，将饵料（秕谷、麦麸、豆饼、棉籽饼或玉米碎粒）5千克炒香，然后用90%敌百虫30倍液0.15千克拌匀，适量加水拌湿，每亩施1.5～2.5千克，在无风闷热的傍晚撒施效果好，施毒饵前能先灌水，保持地面湿润，效果尤好。气温低时，蝼蛄在表土下活动，最好开沟施放或开穴点施。毒谷防治，每亩用干谷子0.5～0.75千克煮至半熟，捞出晾干，拌入2.5%敌百虫粉0.3～0.45千克，拌匀后晾到七八成干，沟施或穴施。或者用3%辛硫磷颗粒剂，每亩施1.5～2千克，或5%毒·辛颗粒剂2千克、3%毒死蜱颗粒剂4千克混匀后撒在地表。生长期被害，也可用50%辛硫磷、50%对硫磷或40%甲基异柳磷乳油2 000倍液浇灌。

金针虫类

1.细胸金针虫

学　　名　*Agriotes fuscicollis* Miwa，鞘翅目叩头虫科。别名细胸叩头虫、细胸叩头甲、土蚰蜒。分布北起黑龙江、内蒙古、新疆，南至福建、湖南、贵州、广西、云南。

金针虫

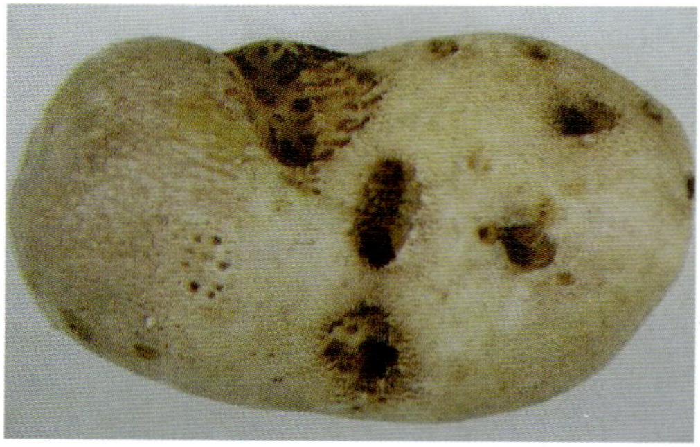

金针虫为害薯块

2.沟金针虫

学　　名　*Pleonomus canaliculatus* Faldemann，鞘翅目叩头虫科。别名细胸叩头虫、细胸叩头甲、土蚰蜒、芨芨虫、钢丝虫。

寄　　主　各类蔬菜播下的种子、幼苗。

症　　状　金针虫类主要为害马铃薯。在马铃薯田主要食害块茎，从而造成种薯伤口感染病菌，引起种块腐烂，影响马铃薯的正常出苗。

形态特征

（1）细胸金针虫。老熟幼虫体长约32毫米，宽约1.5毫米，细长圆筒形，淡黄色，光亮。头部扁平，口器深褐色。第1胸节较第2、3节稍短。第1～8腹节略等长，尾节圆锥形，近基部两侧各有1个褐色圆斑和4条褐色纵纹，顶端有1个圆形凸起。

（2）沟金针虫。老熟幼虫体长约20～30毫米，细长筒形略扁，体壁坚硬而光滑，具黄色细毛，尤其以两侧较密。体黄色，前头和口器暗褐色，头扁平，上唇呈三叉状突起，胸、腹部背面中央呈一条细纵沟。尾端分叉，并稍向上弯曲，各叉内侧有1个小齿。各体节宽大于长，从头部至第9腹节渐宽。

生活习性　该虫喜欢中等偏低的温度和比较湿润的土壤。在土中为害活动的最适深度一般是10～20厘米，土温15～20 ℃，适合生存的土壤含水量为20%～25%。

（1）沟金针虫的发生规律以幼虫或成虫在地下越冬。一般2～3年发生1代，幼虫生活周期长，世代虫态重叠。在河南南部，越冬成虫在2月下旬出蛰，3月中旬至4月中旬为活动盛期，白天潜伏表土中，夜间出土交配产卵。雌成虫无飞翔能力，雄成虫善飞，有趋光性。卵发育历期33～59天，平均42天。5月上旬幼虫孵化。到第3年8月下旬，幼虫老熟，在16～20厘米深的土层中化蛹，蛹期12～20天，平均约16天。9月中旬羽化，当年在原蛹室内越冬。雌成虫活动能力弱，因此多在原地交尾产卵，所以扩散为害受到限制。

（2）细胸金针虫的发生规律3年发生1代，发育不整齐，有世代重叠现象。该虫在陕西发生时，越冬成虫3月上中旬开始出土活动，4月中下旬达活动高峰，4月下旬开始产卵，5月上旬产卵盛期，5月中旬开始孵化，取食作物根部，后下移越夏；9月下旬上移表土，为害秋麦苗，3.5 ℃下移越冬，来年4.8 ℃开始上移为害，3～5月幼虫为害盛期，6月下旬幼虫陆续老熟，7月中下旬化蛹盛期，8月羽化成虫，即潜伏土中越冬。成虫傍晚活动、交配、产卵、取食，交配时呈重叠式。卵散产于表土层，每头雌虫可产卵16～74粒，分批产下。

防治方法

（1）结合耕翻土地，消灭成虫和幼虫。

（2）化学防治。播种前，每亩可施50%辛硫磷乳油200毫升，拌细土25～30千克，穴施或沟施。还可以药挤拌种、毒土处理和灌根防治。可用10%辛拌磷粉粒剂拌种防治。灌根可亩用80%的敌百虫可湿性粉剂500克兑水25千克灌根，或40%的甲基异柳磷乳油2 000倍液灌根（每亩用本药剂75～100毫升兑水150～200千克配成药液灌根，每穴不少于40毫升），或50%的辛硫磷乳油1 500倍液灌根（每亩用本药剂150毫升兑水220千克配成药液灌根，每穴不少于40毫升），或用48%毒死蜱乳油1 000倍液，亩用100千克灌根。

地蛆

学　　名　花蝇类幼虫，别名根蛆。为害萝卜的地蛆有2种，萝卜蝇和小萝卜蝇，属双翅目，花蝇科。

寄　　主　萝卜蝇和小萝卜蝇仅为害十字花科蔬菜，以白菜和萝卜受害严重。

为害特点　地蛆主要为害萝卜。在萝卜上幼虫不仅为害表皮，造成许多弯曲沟道，还能蛀入内部造成空洞，并引起腐烂，失去食用价值。小萝卜蝇多由叶柄基部向菜心部钻入并向根部啃食，根、茎相接处受害严重。小萝卜蝇从春天开始为害蔬菜，秋季常与萝卜蝇混合发生，但小萝卜蝇只发生在局部地区，数量不多，为害也不严重。

地蛆

形态特征

（1）萝卜蝇：成虫体长约7毫米。雄虫略瘦小，暗褐色，胸背有3条黑色纵纹，腹部中央有1条黑色纵纹，各腹节均有黑色纵纹，后足腿节下方有1列稀疏长毛，腹部扁平。雌虫体粗，全体黄褐色，胸、腹部背面无斑纹。雌雄虫前翅基背毛与盾间沟后背中毛大致相等。卵长椭圆形，长1.3毫米，乳白色。幼虫头端细，上有1对黑色口钩。尾端粗，具6对突起，第5对大且分叉。蛹长约7毫米，椭圆体，红褐色或黄褐色，尾端可见6对突起。

（2）小萝卜蝇：体长约5.5毫米。腹部灰色，胸背虽无明显的斑纹，但若从后面看去，因光线的关系，各节中央现出暗色斑纹，纵纹两侧有暗色花纹。前翅基部毛长，几乎与盾间沟后的背中翅毛等长。后足腿节的前上方，仅端部有长毛。幼虫腹末具6对肉质凸起，第6对末端有浅色的分叉。

生活习性

（1）萝卜蝇。在我国每年仅发生1代，以蛹在植株附近的浅土中越冬，少数化蛹晚的可随菜株带到菜窖中越冬。据黑龙江省佳木斯市调查，每年7月下旬至8月上旬成虫开始羽化出土，出土后经1周左右产卵。成虫喜在潮湿处产卵，一般以数粒至数十粒成堆产在植株周围的土缝里、地面上或叶柄基部，也有的产在叶柄上或菜心里，每头雌虫可产卵100余粒，卵期5～7天。幼虫孵化后很快就可钻入植株内部为害，幼虫期35～40天。从9月下旬开始化蛹，至10月下旬化蛹结束。成虫喜在日出前后及日落前或阴天活动，中午日光强烈时常隐蔽在叶背面及菜株阴处。成虫对糖醋液或未腐熟的有机肥趋性较强。

（2）小萝卜蝇。东北每年发生2代，以蛹在土中越冬。越冬代成虫在5月下旬至6月上旬发生，第1代7月发生，第2代8月发生。成虫产卵于嫩叶上或叶腋间，很少产在土表。成虫行动灵活，不易捕捉。幼虫先为害甘蓝的叶柄和白菜、萝卜的心叶及嫩茎，然后钻入根、茎内部，影响植株生长。

防治方法

（1）农业防治。施用充分腐熟的有机肥，防止成虫产卵。

（2）成虫产卵高峰及地蛆孵化盛期及时防治，通常采用诱测成虫法。诱剂配方：糖1份、醋1份、水2.5份，加少量敌百虫拌匀。诱蝇器用大碗，先放少量锯末，然后倒入诱剂加盖，每天在成蝇活动时开盖，及时检查诱杀数量，并注意添补诱杀剂，当诱器内数量突增或雌雄比近1：1时，即为成虫盛期，应立即防治。

（3）化学防治。在成虫发生期，地面喷粉，如5%杀虫畏粉等，也可喷洒36%克螨蝇乳油1 000～1 500倍液，或2.5%溴氰菊酯3 000倍液，或20%菊·马乳油或10%溴·马乳油2 000倍液，或20%氯·马乳油2 500倍液，隔7天1次，连续防治2～3次。当地蛆已钻入幼苗根部时，可用50%辛硫磷乳油800倍液或25%喹硫磷（爱卡士）乳油1 200倍液，或20%甲基异柳磷乳油2 000倍液灌根。药剂处理土壤或处理种子：用50%辛硫磷乳油每亩用200～250克，加水10倍，喷于25～30千克细土上拌匀成毒土，须垄条施，随即浅锄，或以同样用量的毒土撒于种沟或地面，随即耕翻，或混入厩肥中施用，或结合灌水施入，或每亩用2%甲基异柳磷粉2～3千克拌细土25～30千克成毒土，或每亩用3%甲基异柳磷颗粒剂或5%辛硫磷颗粒剂，或5%二嗪磷颗粒剂2.5～3千克处理土壤，都能收到良好效果，并兼治金针虫和蝼蛄。拌种药剂主要有50%辛硫磷、20%异柳磷，也可用25%辛硫磷胶囊剂等有机磷药剂。或用种子重量2%的35%克百威种衣剂拌种，同时能兼治金针虫和蝼蛄等地下害虫。毒谷每亩用25%～50%辛硫磷胶囊剂150～200克拌谷子等饵料5千克左右，或50%辛硫磷乳油50～100克拌饵料3～4千克，撒于种沟中，兼治蝼蛄、金针虫等地下害虫。

附录

蔬菜田常用农药应用技术

	品种及制剂名称	应用技术
杀菌剂	687.5克/升霜霉威盐酸盐·氟吡菌胺悬浮剂	防治番茄晚疫病、黄瓜霜霉病、辣椒疫病、马铃薯晚疫病、西瓜疫病，用800～1 200倍液喷雾
	250克/升吡唑醚菌酯乳油	防治黄瓜霜霉病、白粉病，西瓜炭疽病，白菜炭疽病，用1 000～2 000倍液喷雾
	66.8%丙森锌·异丙菌胺可湿性粉剂	防治黄瓜霜霉病，用600～800倍液喷雾
	72.2%霜霉威盐酸盐水剂	防治黄瓜猝倒病、霜霉病、疫病，辣椒疫病，用800～1 000倍液喷雾
	84.51%霜霉威乙膦酸盐可溶性水剂	防治番茄晚疫病、黄瓜霜霉病，用600～1 000倍液喷雾
	69%代森锰锌·烯酰吗啉可湿性粉剂	防治番茄晚疫病、马铃薯晚疫病、甜椒疫病，用1 000～1 500倍液喷雾
	440克/升双炔酰菌胺·百菌清悬浮剂	防治黄瓜霜霉病，用600～1 000倍液喷雾
	72%代森锰锌·霜脲氰可湿性粉剂	防治番茄晚疫病、辣椒疫病、黄瓜霜霉病、马铃薯晚疫病，用600～800倍液喷雾
	25%嘧菌酯悬浮剂	防治冬瓜霜霉病、炭疽病，番茄早疫病、晚疫病、叶霉病，黄瓜霜霉病、白粉病、蔓枯病、黑星病，辣椒炭疽病、疫病，马铃薯早疫病、晚疫病，丝瓜霜霉病，西瓜炭疽病，花椰菜霜霉病，用1 500～2 000倍液喷雾
	50%醚菌酯干悬浮剂	防治黄瓜白粉病，用3 000～4 000倍液喷雾
	50%氟吗啉·代森锰锌可湿性粉剂	防治番茄晚疫病、辣椒疫病、马铃薯晚疫病，用500～1 000倍液喷雾

续表

	品种及制剂名称	应用技术
杀菌剂	560克/升嘧菌酯·百菌清悬浮剂	防治番茄早疫病、辣椒炭疽病、黄瓜霜霉病、西瓜蔓枯病，用2 000～3 000倍液喷雾
	60%吡唑醚菌酯·代森联水分散粒剂	防治番茄早疫病、晚疫病，辣椒疫病，黄瓜霜霉病、炭疽病、疫病，甜瓜霜霉病，西瓜疫病，马铃薯早疫病、晚疫病，用1 000～2 000倍液喷雾
	18.7%烯酰吗啉·吡唑醚菌酯水分散粒剂	防治黄瓜霜霉病，甜瓜霜霉病，甘蓝霜霉病，马铃薯早疫病、晚疫病，用2 000～3 000倍液喷雾
	25%烯肟菌酯乳油	防治黄瓜霜霉病，用2 000～3 000倍液喷雾
	52.5%噁唑菌酮·霜脲氰水分散粒剂	防治黄瓜霜霉病、辣椒疫病，用1 500～2 000倍液喷雾
	68%精甲霜灵·代森锰锌水分散粒剂	防治番茄晚疫病、辣椒疫病、黄瓜霜霉病、西瓜疫病、花椰菜霜霉病、马铃薯晚疫病、菠菜霜霉病，用800～1 000倍液喷雾
	10%苯醚甲环唑水分散粒剂	防治番茄早疫病、黄瓜白粉病、辣椒炭疽病、西瓜炭疽病、芹菜叶斑病、菜豆锈病、大白菜黑斑病、大蒜叶枯病、芦笋茎枯病、洋葱紫斑病，用1 000～1 500倍液喷雾
	30%苯醚甲环唑·丙环唑乳油	防治苗期立枯病，用3 000～3 500倍液喷雾
	50%甲基硫菌灵·硫黄悬浮剂	防治黄瓜白粉病、大白菜黑斑病，用800～1 000倍液喷雾
	70%甲基硫菌灵可湿性粉剂	防治黄瓜白粉病、西瓜炭疽病、芦笋茎枯病，用800～1 000倍液喷雾
	47%春雷霉素·氧氯化铜可湿性粉剂	防治番茄叶霉病、黄瓜霜霉病，用600～800倍液喷雾
	0.5%菇类蛋白多糖水剂	防治番茄病毒病，用500倍液喷雾
	50%啶酰菌胺水分散粒剂	防治黄瓜灰霉病，用1 000～1 500倍液喷雾
	50%嘧菌环胺水分散粒剂	防治辣椒灰霉病、韭菜灰霉病，用1 000～1 500倍液喷雾

续表

	品种及制剂名称	应用技术
杀菌剂	40%嘧霉胺悬浮剂	防治番茄灰霉病、黄瓜灰霉病，用1 000～1 500倍液喷雾
	50%腐霉利可湿性粉剂	防治番茄灰霉病、黄瓜灰霉病，用1 000～1 500倍液喷雾
	50%异菌脲可湿性粉剂	防治番茄灰霉病、早疫病，用1 000～1 500倍液喷雾
	25%啶菌噁唑乳油	防治番茄灰霉病，用1 000～2 000倍液喷雾
	2%丙烷脒水剂	防治番茄灰霉病、黄瓜灰霉病，用1 000～1 500倍液喷雾
	50%乙烯菌核利水分散粒剂	防治番茄灰霉病、黄瓜灰霉病，用800～1 000倍液喷雾
	30%异菌脲·环己基甲酸锌乳油	防治黄瓜灰霉病，用900～1 200倍液喷雾
	40%菌核净可湿性粉剂	防治番茄灰霉病、黄瓜灰霉病，用600～800倍液喷雾
	25%咪鲜胺乳油	防治黄瓜炭疽病、西瓜炭疽病、大蒜叶枯病，用800～1 000倍液喷雾
	20%氟硅唑·咪鲜胺水乳剂	防治黄瓜炭疽病，用2 500～3 500倍液喷雾
	25%溴菌腈可湿性粉剂	防治蔬菜炭疽病，用500倍液喷雾
	40%腈菌唑水分散粒剂	防治黄瓜白粉病、黑星病，用4 000～6 000倍液喷雾
	75%肟菌酯·戊唑醇水分散粒剂	防治番茄早疫病，黄瓜炭疽病、白粉病，大白菜炭疽病，用2 000～3 000倍液喷雾
	66%二氰蒽醌水分散粒剂	防治辣椒炭疽病，用1 500～2 500倍液喷雾
	25%乙嘧酚悬浮剂	防治黄瓜白粉病，用1 500～2 500倍液喷雾
	40%氟硅唑乳油	防治黄瓜黑星病、菜豆白粉病，用3 000～5 000倍液喷雾
	10%苯醚菌酯悬浮剂	防治黄瓜白粉病，用1 000～2 000倍液喷雾
	2%宁南霉素水剂	防治番茄病毒病、辣椒病毒病、黄瓜白粉病、菜豆白粉病，用200～400倍液喷雾

续表

	品种及制剂名称	应用技术
杀菌剂	300克/升醚菌酯·啶酰菌悬浮剂	防治黄瓜白粉病、甜瓜白粉病，用1 500～2 500倍液喷雾
	0.5%大黄素甲醚水剂	防治黄瓜白粉病，用1 000～2 000倍液喷雾
	2.5%咯菌腈悬浮种衣剂	防治西瓜枯萎病，用10～15克/100千克种子拌种
	3%恶霉灵·甲霜灵水剂	防治黄瓜枯萎病，用600～800倍液灌根
	5%水杨菌胺可湿性粉剂	防治西瓜枯萎病，用300～500倍液灌根
	70%恶霉灵可溶性粉剂	防治西瓜枯萎病，用2 000倍液灌根
	10%多抗霉素可湿性粉剂	防治番茄晚疫病、叶霉病、早疫病，黄瓜白粉病、霜霉病、灰霉病，西瓜枯萎病，用600～1 000倍液喷雾
	20%二氯异氰尿酸钠可溶性粉剂	防治番茄早疫病、茄子灰霉病、黄瓜霜霉病，用400倍液喷雾
	50%多菌灵可湿性粉剂	防治蔬菜枯萎病、根腐病、白粉病，用500～600倍液喷雾
	5%丙烯酸·恶霉灵·甲霜灵水剂	防治辣椒根腐病，用1 000倍液灌根
	25%丙环唑乳油	防治蔬菜灰霉病、黑斑病，茄子褐纹病，用3 000～4 000倍液喷雾
	40%多菌灵·硫黄悬浮剂	防治茄子根腐病、褐斑病、叶斑病，用600～800倍液喷雾
	72%农用硫酸链霉素可溶性粉剂	防治番茄细菌性溃疡病、细菌性髓部坏死病，黄瓜细菌性角斑病，十字花科蔬菜软腐病、黑腐病，用3 000～4 000倍液喷雾
	88%水合霉素可溶性粉剂	防治黄瓜细菌性角斑病、十字花科蔬菜软腐病，用1 500～2 000倍液喷雾
	3%中生菌素可湿性粉剂	防治番茄青枯病、辣椒疮痂病、黄瓜细菌性角斑病、大白菜软腐病、菜豆细菌性疫病、姜瘟病，用600～800倍液喷雾
	20%叶枯唑可湿性粉剂	防治番茄青枯病、大白菜软腐病，用600～800倍液喷雾

续表

	品种及制剂名称	应用技术
杀菌剂	20%噻唑锌悬浮剂	防治黄瓜细菌性角斑病、十字花科蔬菜软腐病，用300～500倍液喷雾
	20%噻菌铜悬浮剂	防治黄瓜细菌性角斑病、十字花科蔬菜软腐病，用1 000～1 500倍液喷雾
	12%松酯酸铜乳油	防治十字花科蔬菜软腐病，用600～800倍液喷雾
	2%春雷霉素可湿性粉剂	防治黄瓜细菌性角斑病、十字花科蔬菜软腐病，用300～500倍液喷雾
	4%嘧肽霉素水剂	防治番茄病毒病，用200～300倍液喷雾
	20%盐酸吗啉胍 · 乙酸铜可湿性粉剂	防治蔬菜病毒病，用500～700倍液喷雾
	3.85%三氮唑核苷 · 硫酸铜 · 硫酸锌水乳剂	防治蔬菜病毒病，用600～800倍液喷雾
	1.5%硫酸铜 · 十二烷基硫酸钠 · 三十烷醇水乳剂	防治蔬菜病毒病，用1 000倍液喷雾
	3.95%三氮唑核苷 · 硫酸铜 · 三十烷醇 · 硫酸锌水剂	防治蔬菜病毒病，用500～800倍液喷雾
	1.05%三氮唑核苷 · 硫酸铜水剂	防治蔬菜病毒病，用300～500倍液喷雾
	20%盐酸吗啉胍可湿性粉剂	防治蔬菜病毒病，用400～600倍液喷雾
	25%琥胶肥酸铜 · 盐酸吗啉胍可湿性粉剂	防治蔬菜病毒病，用600～800倍液喷雾
	98%棉隆微粒剂	防治蔬菜根结线虫病，用3～5千克/亩土壤处理
	3.2%阿维菌素 · 辛硫磷颗粒剂	防治蔬菜地下害虫及根结线虫病，用4～6千克/亩土壤处理
	5%硫线磷颗粒剂	防治蔬菜根结线虫病，用2～3千克/亩土壤处理
	5亿活孢子/克淡紫拟青霉颗粒剂	防治蔬菜根结线虫病，用3～5千克/亩土壤处理
	70%敌磺钠可溶性粉剂	防治黄瓜立枯病、枯萎病，西瓜立枯病、枯萎病，用600～800倍液灌根

续表

	品种及制剂名称	应用技术
杀菌剂	86.2%氧化亚铜可湿性粉剂	防治番茄早疫病、黄瓜霜霉病，用2 000～2 500倍液喷雾
	77%氢氧化铜可湿性粉剂	防治番茄早疫病、黄瓜细菌性角斑病，用800～1 000倍液喷雾
	33.5%喹啉铜悬浮剂	防治番茄晚疫病、黄瓜霜霉病，用1 000～1 500倍液喷雾
	70%代森联水分散粒剂	防治瓜类蔬菜霜霉病，用600～800倍液喷雾
	80%代森锌水分散粒剂	防治番茄早疫病、晚疫病，黄瓜霜霉病，西瓜炭疽病，马铃薯早疫病、晚疫病，芦笋茎枯病，用800～1 000倍液喷雾
	45%代森铵水剂	防治黄瓜霜霉病、白菜霜霉病，用600～800倍液喷雾
	75%百菌清可湿性粉剂	防治番茄早疫病、晚疫病，瓜类蔬菜霜霉病、叶斑病、白粉病等，用600～800倍液喷雾
	70%代森锰锌可湿性粉剂	防治番茄早疫病，辣椒炭疽病，黄瓜霜霉病，马铃薯早疫病、晚疫病，蔬菜炭疽病等，用600～800倍液喷雾
	70%丙森锌可湿性粉剂	防治番茄早疫病、晚疫病，黄瓜霜霉病，大白菜霜霉病，芹菜斑枯病，用600～800倍液喷雾
	50%克菌丹可湿性粉剂	防治番茄叶霉病、早疫病，黄瓜炭疽病，辣椒炭疽病，用400～600倍液喷雾
	20%腐霉利 · 百菌清烟剂	防治蔬菜灰霉病，用200～300克/亩熏烟
	25%甲基硫菌灵 · 菌核净烟剂	防治蔬菜灰霉病，用200～300克/亩熏烟
	15%百菌清 · 异菌脲烟剂	防治蔬菜灰霉病，用200～300克/亩熏烟
	10%腐霉利烟剂	防治蔬菜灰霉病，用300～450克/亩熏烟
	10%百菌清烟剂	防治蔬菜霜霉病、灰霉病，用200～300克 /亩熏烟
杀虫剂	240克/升螺虫乙酯悬浮剂	防治蔬菜烟粉虱、白粉虱、蚜虫、蓟马，用4 000～5 000倍液喷雾
	10%烯啶虫胺水剂	防治蔬菜白粉虱、蚜虫，用3 000～5 000倍液喷雾
	3%啶虫脒乳油	防治蔬菜白粉虱、蚜虫，用2 000～3 000倍液喷雾
	10%氟啶虫酰胺水分散粒剂	防治蔬菜蚜虫，用3 000～4 000倍液喷雾

续表

	品种及制剂名称	应用技术
杀虫剂	10%吡虫啉可湿性粉剂	防治蔬菜白粉虱、蚜虫、蓟马，用1 500～2 000倍液喷雾
	50%抗蚜威可湿性粉剂	防治蔬菜蚜虫，用1 000～2 000倍液喷雾
	25%噻虫嗪可湿性粉剂	防治蔬菜白粉虱、蚜虫、蓟马，用2 000～3 000倍液喷雾
	10%氯噻啉可湿性粉剂	防治蔬菜白粉虱、蚜虫，用2 000倍液喷雾
	25%噻嗪酮可湿性粉剂	防治蔬菜白粉虱、蚜虫，用1 000～2 000倍液喷雾
	10%吡丙醚乳油	防治蔬菜白粉虱，用1 000～2 000倍液喷雾
	50%噻虫胺水分散粒剂	防治蔬菜白粉虱，用2 000～3 000倍液喷雾
	25%吡蚜酮可湿性粉剂	防治蔬菜蚜虫，用2 000～3 000倍液喷雾
	50%灭蝇胺可湿性粉剂	防治美洲斑潜蝇，用2 000～3 000倍液喷雾
	1.8%阿维菌素乳油	防治蔬菜美洲斑潜蝇、小菜蛾、菜青虫、斜纹夜蛾、红蜘蛛，用2 000～2 500倍液喷雾
	50%灭蝇·杀单可湿性粉剂	防治蔬菜美洲斑潜蝇，用2 000～3 000倍液喷雾
	0.5%甲氨基阿维菌素苯甲酸盐微乳剂	防治蔬菜小菜蛾、菜青虫、斜纹夜蛾、甜菜夜蛾，用2 000～3 000倍液喷雾
	15%茚虫威悬浮剂	防治蔬菜小菜蛾、菜青虫、棉铃虫、甜菜夜蛾，用3 000～4 000倍液喷雾
	20%虫酰肼悬浮剂	防治蔬菜甜菜夜蛾、棉铃虫，用1 500～3 000倍液喷雾
	480克/升毒死蜱乳油	防治蔬菜美洲斑潜蝇、小菜蛾、菜青虫、斜纹夜蛾，用1 500～2 500倍液喷雾 防治地下害虫，用1 000～2 000倍液灌根
	5%氟啶脲乳油	防治蔬菜小菜蛾、菜青虫、斜纹夜蛾、甜菜夜蛾，用1 000～2 000倍液喷雾

续表

	品种及制剂名称	应用技术
杀虫剂	15 000国际单位/毫克苏云金杆菌水分散粒剂	防治蔬菜小菜蛾、菜青虫、甜菜夜蛾，用1 000～1 500倍液喷雾
	50克/升虱螨脲乳油	防治豆类蔬菜豆荚螟、棉铃虫、马铃薯块茎蛾、十字花科蔬菜甜菜夜蛾，用2 000～3 000倍液喷雾
	240克/升虫螨腈悬浮剂	防治蔬菜小菜蛾、斜纹夜蛾、甜菜夜蛾，用3 000～4 000倍液喷雾
	22%氰氟虫腙悬浮剂	防治蔬菜小菜蛾、甜菜夜蛾，用2 000～3 000倍液喷雾
	24%甲氧虫酰肼悬浮剂	防治蔬菜甜菜夜蛾，用2 000～4 000倍液喷雾
	100克/升三氟甲吡醚乳油	防治蔬菜小菜蛾，用3 000～4 000倍液喷雾
	60克/升乙基多杀菌素悬浮剂	防治蔬菜甜菜夜蛾、小菜蛾、蓟马，用1 000～2 000倍液喷雾
	25克/升多杀霉素悬浮剂	防治蔬菜小菜蛾、蓟马，用1 000～2 500倍液喷雾
	10%二氯苯醚菊酯乳油	防治蔬菜小菜蛾、菜青虫、甜菜夜蛾、蚜虫，用4 000～5 000倍液喷雾
	50%丙溴磷乳油	防治蔬菜小菜蛾、斜纹夜蛾，用1 000～2 000倍液喷雾
	20%双甲脒乳油	防治蔬菜红蜘蛛，用1 000～1 500倍液喷雾
	15%哒螨灵乳油	防治蔬菜红蜘蛛、朱砂叶螨，用1 500～3 000倍液喷雾
	5%唑螨酯悬浮剂	防治蔬菜红蜘蛛，用2 000～3 000倍液喷雾
	73%炔螨特乳油	防治蔬菜红蜘蛛、朱砂叶螨，用2 000～3 000倍液喷雾
	5%噻螨酮乳油	防治蔬菜红蜘蛛，用2 000～3 000倍液喷雾
	30%嘧螨酯悬浮剂	防治蔬菜红蜘蛛，用2 000～3 000倍液喷雾
	10%浏阳霉素乳油	防治蔬菜红蜘蛛，用1 000～2 000倍液喷雾
	50%溴螨酯乳油	防治蔬菜红蜘蛛，用1 000～2 000倍液喷雾
	15%唑虫酰胺乳油	防治蔬菜蓟马、小菜蛾，用2 000～3 000倍液喷雾

续表

	品种及制剂名称	应用技术
杀虫剂	2.5%溴氰菊酯乳油	防治蔬菜小菜蛾、菜青虫、蚜虫、黄条跳甲，用1 500～2 500倍液喷雾
	20%甲氰菊酯乳油	防治蔬菜小菜蛾、菜青虫，用1 000～2 000倍液喷雾
	2.5%氯氟氰菊酯乳油	防治蔬菜小菜蛾、菜青虫、蚜虫、甜菜夜蛾、美洲斑潜蝇，用1 000～2 000倍液喷雾
	20%氰戊菊酯乳油	防治蔬菜菜青虫、蚜虫，用1 000～1 500倍液喷雾
	10%氯氰菊酯乳油	防治蔬菜小菜蛾、菜青虫、蚜虫、甜菜夜蛾、美洲斑潜蝇，用1 000～2 000倍液喷雾
	2.5%高效氯氟氰菊酯乳油	防治蔬菜小菜蛾、菜青虫、蚜虫、甜菜夜蛾、美洲斑潜蝇，用1 500～3 000倍液喷雾
	10%四聚乙醛颗粒剂	防治蔬菜蜗牛、蛞蝓，用40～50克/亩撒施
植物生长调节剂	2，4-D	促进番茄坐果，用10～20毫克/升抹花梗
	防落素	防止番茄落花落果，用10～20毫克/升在开花期喷花
	氯吡脲	促进西瓜坐瓜膨大，用0.1%水剂50～100倍液在雌花开花时喷花；提高番茄产量和抗性，用100毫克/升在生长期、开花期喷雾
	芸薹素内酯	提高幼苗抗性，促进壮苗，用0.01毫克/升在苗期叶面喷雾
	赤霉素	促进黄瓜种子发芽，用150～250毫克/升浸种3小时；提高番茄坐果率，用30～35毫克/升在开花时喷花一次
	乙烯利	诱导增加雌花数量，用100毫克/升在幼苗1～3片真叶时喷雾

参考文献

[1] 庞淑敏，蒙美莲，方贯娜，等．怎样提高马铃薯种植效益[M]．北京：金盾出版社，2006．

[2] 吕佩珂，苏慧兰，高振江，等．中国现代蔬菜病虫原色图鉴[M]．呼和浩特：远方出版社，2008．

[3] 庞淑敏，方贯娜，李建欣，等．提高马铃薯商品性栽培技术问答[M]．北京：金盾出版社，2009．

[4] 满昌伟．蔬菜生理性病害及防治技术[M]．北京：化学工业出版社，2008．

[5] 汪隆植，何启伟．中国萝卜[M]．北京：科学技术文献出版社，2005．

[6] 张忠敏，王春，刘金梅，等．60%氟吗锰锌可湿性粉剂治马铃薯晚疫病田间药效试验[J]．农业科技通讯，2010，8：98–100．

[7] 胡尊艳．几种新杀菌剂对马铃薯晚疫病的防效筛选试验[J]．作物杂志，2010，3：85–86．

[8] 彭丽娟，马永操．5种药剂防治马铃薯晚疫病田间药效试验[J]．贵州农业科学，2009，37（12）：115–117．

[9] 雷玉明，张建文，邢会琴，等．马铃薯主要病虫害综合防治技术[J]．中国蔬菜，2010（1）：32–33．

[10] 刘介民，谢从华，黄元勋，等．瑞毒霉防治马铃薯晚疫病试验示范[J]．马铃薯杂志，1994，8（2）：107–110．

[11] 李汝刚，伍宁丰，范云六，等．马铃薯抗晚疫病研究进展[J]．中国马铃薯，1997，4：243−250．

[12] 刘琼光，陈洪，罗建军，等．10种杀菌剂对马铃薯晚疫病的防治效果与经济效益评价[J]．中国蔬菜，2010（20）：62−67．

[13] 郭素敏，张哲．马铃薯晚疫病的综合治理[J]．现代农业，2010，10：32−33．

[14] 徐永生，李泉木．植物疫病克星福帅得[J]．新农业，2010，7：46．

[15] 高虹，谢丽华，张忠敏．2009年黑龙江垦区马铃薯生产中病害为害现状及防治对策[J]．现代化农业，2010（3）：5−6．

[16] 郑雯，郑秀英．25%阿米西达防治马铃薯早疫病和晚疫病的研究[J]．黑龙江八一农垦大学学报，2007，19（3）：5−8．

[17] 李笑硕，张庆平，曹春梅，等．不同药剂防治马铃薯早疫病、晚疫病药效试验[J]．内蒙古农业科技，2006（2）:37−48．

[18] 杨富，郑敏娜，韩志顺．马铃薯早疫病的杀菌剂田间药效试验[J]．中国马铃薯，2010（4）：234−236．

[19] 袁老冲，陈露萍，张冲云，等．马铃薯病毒病的发生及防治[J]．云南农业，2010，10：37．

[20] 卫红萍．茄科植物青枯病发生及防治策略研究，咸宁学院学报[J]．2010，8：164−165．

[21] 吴玉栋．马铃薯青枯病，青海农技推广[J]．2010，3：51−52．

[22] 陈云，岳新丽，王玉春．马铃薯环腐病的特征及综合防治[J]．山西农业科学，2010，7：140−141．

[23] 张廷义，魏周全．马铃薯贮藏期块茎干腐病药剂防治试验[J]．中国马铃薯，2006，6：348−349．